纺织服装高等教育"十三五"部委级规划教材
经典服装设计系列丛书

U0151372

服 装 款 式 大 系
——女衬衫·罩衫
款式图设计1500例

主 编　章瓯雁
著 者　朱焦烨南

东华大学出版社
·上海·

图书在版编目（CIP）数据

女衬衫·罩衫款式图设计1500例 / 章瓯雁主编.
--上海：东华大学出版社，2020.6
（服装款式大系）
ISBN 978-7-5669-1739-3

Ⅰ.①女... Ⅱ.①章... Ⅲ.①女服-衬衣-服装款式
-款式设计-图集 Ⅳ.①TS941.713-64

中国版本图书馆CIP数据核字（2020）第078021号

责任编辑　赵春园
封面设计　张　丽
版面设计　赵　燕
彩色插画　程锦珊

服装款式大系
　——女衬衫·罩衫款式图设计1500例
主编　章瓯雁
著者　朱焦烨南
出版：东华大学出版社出版 (上海市延安西路1882号　200051)
本社网址：http://dhupress.dhu.edu.cn
天猫旗舰店：http://dhdx.tmall.com
营销中心：021-62193056　62373056　62379558
电子邮箱：805744969@qq.com
印刷：苏州望电印刷有限公司
开本：889mm×1194mm　1/16
印张：23
字数：810千字
版次：2020年6月第1版
印次：2020年6月第1次
书号：ISBN 978-7-5669-1739-3
定价：78.00元

前　言

　　服装款式大系丛书是以女装品类为主题的纺织服装高等教育"十三五"部委级规划教材、经典服装设计系列丛书。主要适用于全国职业院校服装设计与工艺赛项技能大赛参赛者和服装企业设计人员，本系列是理想的设计参考资料和专业基础读物。

　　全系列共分为6册，分别为：《女大衣·风衣款式图设计1500例》《女裤装款式图设计1500例》《女裙装款式图设计1500例》《连衣裙款式图设计1500例》《女上衣款式图设计1500例》《女衬衫·罩衫款式图设计1500例》。系列丛书的每册分为四部分内容：第一部分为品类简介，介绍品类起源、特征、分类以及经典品类款式等；第二部分为品类款式设计，收集和绘制每一种品类一千余款，尽量做到款式齐全，成为企业、学校必备的款式图集；第三部分为品类细部设计，单独罗列出每一个品类的各部位的精彩细节设计，便于读者分部位查阅和借鉴；第四部分为品类整体着装效果，用彩色系列款式图和效果图的绘制形式呈现，便于学习者观察系列款式整体着装效果，同时，给学习者提供电脑彩色款式图和效果图绘制的借鉴。

　　本书为《女衬衫·罩衫款式图设计1500例》，图文并茂地介绍了女衬衫·罩衫的起源、特征、分类以及经典衬衫款式，汇集一千多例女衬衫·罩衫流行款式，确保实用和时尚；以衬衫廓形分类，便于学习者款式查找和借鉴；规范绘图，易于版师直接制版；单独罗列出衬衫的领子、袖子等部位的精彩细节设计；最后，用彩色款式图和效果图表现衬衫的系列款式整体着装效果。

　　本书第一章由朱焦烨南、章瓯雁编著，程锦珊绘制插图，第二、三、四章由章瓯雁、朱焦烨南、王慧、周娴编著。全书由章瓯雁任主编，并负责统稿。书中部分款式图由张兵、侯亚云、岳艳、林辰倍、马飞飞、黄飞等提供，在此一并表示感谢！

　　由于我们水平有限，且时间匆促，对书中的疏漏和欠妥之处，敬请服装界的专家、院校的师生等广大的读者予以批评指正。

作者

2019年12月8日于杭州

目　录

第一章

款式概述

衬衫，在英文中称之为shirt，法语中把它叫做chemise。特指上身部位（从脖子到腰部）的服装。与女衫（blouse）相比，衬衫从外形到用料更为阳刚。在20世纪之前，衬衫只属于男士的贴身内衣。此后，衬衫的穿着方式逐渐开始朝外穿化方向演进。在美式英语中，"shirt"一词泛指上身部位穿着的服装或内衣；而在英式英语中，"shirt"一词则指更为具体的一类服装——有衣领、袖子，以及袖口；并且以竖式纽扣或按扣闭合的服装（此类服装被北美人称为"dress shirt"）。

19世纪90年代，衬衫一词才正式在女性夏季上衣中出现，如图1所示。

图1 腰部蝴蝶结装饰衬衫

第一节　衬衫起源

英国埃及考古学家弗林德森·皮特里(Flinders Petrie)曾找到世上现存最悠久的服装之一：一件来自于埃及Tarkan第一王朝墓室中精美绝伦的亚麻衫。它是这样被生动地描述的：肩膀和袖子由成千上万精细的褶子组成，当穿着者活动身体时，便会带动全身的细密褶子，远远望去，可谓翩若惊鸿，婉若游龙。

在中世纪（具体时间大约为9~10世纪），未染色的亚麻质地贴身衬衣开始流行，其基本特征是：长袖、直筒式，其衣长约等长于外衣衣长。从中世纪的艺术文献中我们可以看到，只有部分社会地位较低下的牧羊人、囚犯及忏悔者才会外着衬衫。14世纪时，衬衫增加了领座裁片。15世纪时，出现了立式领片。16世纪时，男士衬衫多以刺绣点缀，有些会以蕾丝装饰领口和袖口。

17世纪，男士衬衫被允许部分外露。在18世纪时，带有前襟褶边和领口长褶的衬衫被认为是时髦的装束。衬衫的内衣作用也愈发重要，当时的服装历史学家Joseph Strutt认为，不穿晚号衣（一种衬衫）入睡的男子是不体面的。直到1879年，不搭配任何外衣的衬衫依旧被认为是无礼的行为。19世纪早期，衬衫逐渐由单调的未染原始色发展出各种新颖的色彩；正如我们在乔治·迦勒·宾汉姆(George Caleb Bingham)画作中可以看到的一样；一直到20世纪，色彩缤纷的衬衫渐渐地发展成为了休闲的装束。有人曾这样描述："对于一位绅士来说，在1860年穿着天蓝色的衬衫是无法想象的，1920年以后，它逐渐转化成为大众化的服装品类，而到了1980年，穿着天蓝色衬衫就已经变成了一件如此平淡无奇的事。"

1860年，意大利爱国者及军人朱塞佩·格利巴蒂组织的一支志愿者军队穿着的红衬衫被命名为格利巴蒂衫（Garibaldi shirt）——一种带有绿色镶边和白色带子的红色的象征自由斗士的衬衫。受到朱塞佩·格利巴蒂的影响，欧洲大陆和北美大陆的女人也开始穿着衬衫了。19世纪末，在一次皇家游艇登船活动中，维多利亚女王给她的爱子穿上了带有条纹的水手服，20世纪初，可可·香奈尔女士多次使用条纹作为其品牌衬衫等成衣的设计元素。自此，条纹衬衫便开始流行了起来。1827年的某一天，在纽约的上城区某户人家中，无聊的家庭主妇Hannah Montague因为厌倦需要不断清洗丈夫的衬衫而将其领口剪下单独清洗，由此发明了可拆卸的衬衫领子。在后来的四十年里，这样通过类似于领带固定在衬衫上可拆洗的衬衫领子便变得流行起来。19世纪末，世纪词典中是这样描述一件衬衫的："以棉花与亚麻编织而成，领子和袖口都是由淀粉加硬处理过后且可拆卸换洗领片和袖片组成。"

1771年，"To give the shirt off one's back."成为人们日常使用的成语，它被用来比喻极度的无助或慷慨解囊。这在历史上是第一次有关衬衫成语的文献记载。

第二节　衬衫特征

衬衫有不同的穿着方式，以女士衬衫为例可以分为两大类：一类在穿着时可以将下摆罩在下装外面，任其自由垂坠；另一类则将下摆在穿着时塞进下装的束腰中。

在样式的演变过程中，衬衫形制变化丰富，女士衬衫通常有领、袖、衣门襟、衣下摆等组成。

衬衫的领型（Collar）可以按不同方式分为几个类别。如按高度分，可分为高领（如高圆领）、中领、低领（如低圆领）。

按领线分，可分为方领、尖领、圆领、不规则领，如温莎领、童盆领、海军领、长方领、扎结领、蝴蝶领、荷叶边领等。

按穿着状态分，可分为开门领、关门领和两用领（又名开关领）。

按结构分，可分为连身领与装领。

按造型分，则可分为立领、无领、翻领。常见的无领如V领或U领；常见的翻领如扣带领。

衬衫的袖型（Sleeves）可以按照长度分为无袖、短袖、中袖、3/4袖和长袖。

衬衫的袖口（Cuff）可以按照造型分为带状克夫、滚条克夫、直线型克夫、单层次克夫、双层克夫、可换型克夫、翼型克夫、下垂式克夫和纽扣型克夫等。

衬衫的系扣位置可以是多种多样的，可以在衬衫的正面、侧面、双面或是背面。系扣可以分为单排扣（有时又可称为半开襟）、双排扣、纽襻扣和拉链。有趣的是，男士衬衫的扣子一般放置在衬衫的右侧，而女士衬衫的扣子则放置在左侧。

衬衫的衣长：从腰部到及地，衬衫的衣长可以分为短、中和长。其下摆各有千秋，有平摆、圆摆、曲摆和斜摆等。

因衬衫贴身轻便的穿着特性，其衣料多以天然纤维和薄型类织物居多。

第三节　衬衫分类

西洋服装史中，衬衫的类型多种多样，根据形制分类，有女式衬衫型、罩衫型、男式型、水手型、宽松型、露腰型、露肩型、牛仔型、超大型和前腹扎结型等。根据各式衬衫不同的地理与文化背景，衬衫又可以分为格利巴蒂衫、瓜雅贝拉衬衫、亨利衬衫、古希腊式束腰衬衫等。在众多衬衫款式中，经典的衬衫款式有羊腿袖罩衫、花花公子衫、营地衬衫、礼服衬衫、诗人衬衫、晚号衣、夏威夷衬衫、常春藤衬衫、骑师衬衫、猎装衬衫等。

第四节　经典款式四节

※ 古希腊式束腰衬衫（Tunic）：又称丘尼卡，来源于西方文明中的古希腊和古罗马，Tunic是衬衫的原始雏形，由两片衣版制成，肩膀和腰部处多以褶边装饰，腰部以一条腰带束缚。曾经在古代只能由男性穿着，而到如今已经演变成一种女士束腰衬衫，如图2所示。

※ 晚号衣（Night shirt）：晚号衣通常是特大号的衬衫，使用较轻薄或平价的面料做成，晚号衣一般在正式的外层衣物下方，作为睡眠时的睡衣被穿着。16世纪起男士开始穿着晚号衣，从20世纪到21世纪则被女性穿着，如图3所示。

图2　古希腊式束腰衬衫

图3　晚号衣

※ 瓜雅贝拉衬衫(Guayabera shirt)：又称为尤卡坦衬衫，是一种来自古巴的传统服饰。其原始出处不明，有些研究认为它来自菲律宾，由西班牙的殖民者带入墨西哥，再于1565到1815年间带入古巴。其特征是在衬衫的前后装点两排缝裥（有时装饰有刺绣）。瓜雅贝拉衬衫是前衣身装饰有四个口袋的礼服衬衫，如图4所示。

※ 诗人衬衫（Poet shirt）：发源于17世纪到18世纪，亦称为海盗衬衫。诗人衬衫是一种宽松的衬衫。如我们在电影里看到的一样，诗人衬衫有夸张的灯笼袖，通常其前身和克夫缝合处有大量的褶边装点，如图5所示。

※ 花花公子衫（Dandy shirt），从字面意思来看，花花公子泛指格外注重外表，有着优雅举止和悠闲兴趣爱好的男士。"Dandylism"一词来源于18世纪末期，它被用来描述此类风格。花花公子们喜好穿着华丽浪漫的服饰，故此，花花公子衫的衣领、前襟及袖克夫装饰有蕾丝或本布荷叶边，此款式主要流行于18世纪末至19世纪，如图6所示。

图4　瓜雅贝拉衬衫

图5　诗人衬衫

图6　花花公子衫

※ 礼服衬衫（Dress shirt）：一开始由男性或男孩穿着，到19世纪中叶，女性也开始穿着礼服衬衫。相对于休闲款式的衬衫，礼服衬衫更偏向于正式的衬衫，有完整的袖子和克夫。其领子是更为正式的硬领，全敞开口的门襟一般以纽扣装饰并闭合，如图7所示。

※ 亨利衬衫（Henley shirt）：于19世纪中叶发源于泰晤士河畔的亨利镇。在当时，亨利衬衫是为运动项目而设计的，它作为赛艇运动员的队服被穿着。之后因为亨利镇的赛艇而闻名全球。亨利衬衫是一款无领的上衣，半开襟设计的胸口处有2～6枚纽扣闭合，领口呈现出"Y"字形。亨利衬衫通风清凉，是经典的休闲衬衫款式，如图8所示。

※ 格利巴蒂衬衫（Garibaldi shirt），是一种小立领、前胸打裥、落肩蓬型长袖、衣身宽松，并在腰部收紧的衬衫。被称为"当季瑰宝"的格利巴蒂衬衫最初由意大利爱国者朱塞佩·格利巴蒂带领的"红衫军"的制服演变而来，19世纪六七十年代迅速流行于英美年轻女性中，浅色与轻薄的款式也在童装中流行，成为当时极其盛行的一款衬衫，如图9所示。

※ 猎装衬衫（Safari shirt），亦称丛林衬衫，是营地衬衫的英式版本。最初是19世纪末为去非洲丛林中进行野外的士兵而设计。外套式翻领、纽扣式门襟和四个风箱褶饰的大口袋为其款式特征。1939年，品牌Abercrombie&Fitch展示了这款新的休闲衬衫——"外套风格的衬衫"，如图10所示。在20世纪六十至七十年代之间，它变得极其流行，法国高级女装设计师迪奥、伊夫·圣洛朗和泰德·拉蒂斯都为它的推广做出了贡献。

图7 礼服衬衫

图8 亨利衬衫

图9 格利巴蒂衬衫

图10 猎装衬衫

※ 营地衬衫（Camp shirt）：是一种宽松的衬衫，为猎装衬衫的美式版本。其版型偏重直线剪裁。营地衬衫一般以短袖和半开襟为主。营地衬衫的最大特色就是有一个"camp collar"，一种没有领座的领子，可以自然地摊开覆盖在锁骨处，休闲随意，是休闲风格正装衬衫的代表款型，如图11所示。

※ 羊腿袖紧身罩衫（1899）：受到新艺术运动的影响，女士上衣的线条呈现出纤细优美的风格，其局部造型的特征主要表现为Gigot sleeve，即我们所说的羊腿袖，此类羊腿袖紧身罩衫在英文中又被称为Shirtwaist，如图12所示。

※ 女式衬衫（1907）：在女权运动的影响下，女性有更多的机会参与社会活动，思想观念的开放使得她们想迅速突破传统对女性特征的理解。此时S形的衬衫逐渐被抛弃，女士衬衫也逐渐向直线造型发展，如图13所示。

※ 丝质衬衫（1921）：战后带来了西方社会结构的大洗牌，老牌资本主义国家不再称霸，美国迅速崛起，迅速发展的经济助推着服装的演变。在纸醉金迷的时代背景下，人们愿意以更直白高调的方式展示自己，比如穿着丝绸面料的衬衫，如图14所示。

图11 营地衬衫

图12 羊腿袖紧身罩衫

图13 女式衬衫（1907年）

图14 丝质衬衫（1921年）

※ 骑马装彼得潘领短袖衬衫（1922）：这一时期对于女性的审美趋于年轻化和中性化。少女的体态和小男孩般活泼的女性形象被推崇。彼得潘领是以John White Alexander夫妇与Maude Adams为《彼得与温蒂》演出设计的服饰中出现的一种俏皮可爱的扁圆小领子命名的，如图15所示。

※ 贴袋短袖条纹罩衫（1930）：由于这时的女性可以与男性一样更多地参与到体育活动中，短裤、短裙以及条纹衬衫之类的休闲运动装开始成为当时的流行元素之一，如图16所示。

※ 夏威夷衬衫（Hawaiian Shirt）：夏威夷衬衫并非夏威夷原住民的民族传统服装，而是一款颜色鲜艳明快且图案大胆的宽松休闲的全棉短袖衬衫。它以轻薄面料制成，一般适合在夏季或炎热的地区穿着。通常在衬衫的左胸口处放置有表袋，夏威夷衫的下摆及腰，平脚。夏威夷衫风格中性，男女儿童均可穿着。主要流行于20世纪40年代，如图17所示。

※ 带褶裥衬衣式罩衫（1942）：与20世纪30年代不同的是，这个时期的衬衫受到二战时期L-85条例的约束，如只能放置一个口袋；每侧袖子只能放置一个皱边；克夫不得长于3英尺等。在确保美观的同时还可以节约面料。这个时期女衬衫的特征是通过褶皱或垫肩等方式，给予袖子立肩的特别设计效果，如图18所示。

图15 骑马装彼得潘领短袖衬衫（1922年）

图16 贴袋短袖条纹罩衫（1930年）

图17 夏威夷衬衫

图18 带褶裥衬衣式罩衫（1942年）

※ 两用衬衫（1945）：二战结束之后，越来越多的女性可以和男性一样拥有工作的权利，裸露的服装不再那么流行了。为了能够更高效地在生活和工作间切换，女士衬衫的领口位置上升到颈部甚至锁骨处。简单朴素、出行方便的衬衫成为女士们的首选，如图19所示。

※ 常春藤衬衫（Ivy league shirt），亦称纽结领衬衫，其特征为纽扣领（左右领尖及后领中心加钉扣）、长袖、开襟、背部有复司，标准衬衫式剪裁；原为20世纪50年代美国东部常春藤盟校的学生校服，后在国际女装界和童装界产生广泛影响，如图20所示。

※ 无袖衬衫（Sleeveless shirt），采用露肩造型，开放的造型更加适合现代社会和炎热的天气。此款流行于20世纪50年代，如图21所示。

※ 短袖衬衫（1956）：战后的衬衫在颜色与印花上有了更多的选择。这一时期的衬衫袖子比起20世纪40年代更为简洁，如图22所示。

图19 两用衬衫（1945年）

图20 常春藤衬衫

图21 无袖衬衫

图22 短袖衬衫（1956年）

※ 骑师衬衫（Puffle shirt）：因20世纪60年代末首位获得职业骑师的女性而流行的女士衬衫，通常在领口与袖口处装饰有单层或多层的褶纹，如图23所示。

※ 印花衬衫（1965）：嬉皮士们以公社或流浪的形式来反对民族主义、越南战争、旧式宗教文化和腐朽的中层阶级。嬉皮士运动的兴起，使得各类印花扎染面料的运用得以流行。衬衫在这一时期也多以各类色彩艳丽的花卉印花、彩虹等形式出现，如图24所示。

※ 70年代衬衫：此款衬衫模仿文艺复兴时期极具古典特色的复古束腰上衣（tonic），在此时被认为是时髦的服饰。此类衬衫及其相关服饰一般适合居家穿着，如图25所示。

※ 大尖角翻领衬衫（1973）：20世纪70年代所追求的主要风格是简单、放松和休闲。在这一时期，人们有了新的娱乐方式，那就是迪斯科。拥有巨大领子的衬衫也应运而生。拥有巨大的类似于清教徒衣领的乡村衬衫就是很好的例子，如图26所示。

图23 骑师衬衫

图24 印花衬衫（1965年）

图25 70年代衬衫

图26 大尖角翻领衬衫（1973年）

※ 无领印花衬衫（1982）：与20世纪70年代不同的是，到了80年代，服装的颜色不再那么鲜艳，相反的，在西方人们开始追求干净低调的色彩。不同的棕色以及橘黄色都在这一阶段广为流行。这一时期的衬衫剪裁更偏向中性化和简约化，出现了一些没有领子的衬衫款式，如图27所示。

图27 无领印花衬衫（1982年）

第二章

款式图设计
（A型）

绑带露肩灯笼袖休闲衬衫

V领前短后长荷叶摆吊带衬衫

编织无袖衬衫

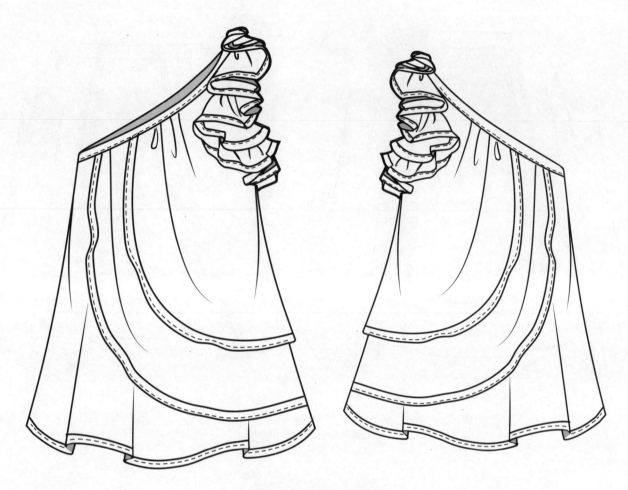

单肩荷叶边装饰A摆罩衫

娃娃领前门襟木耳边波浪下摆套头上衣

大灯笼袖方领衬衫

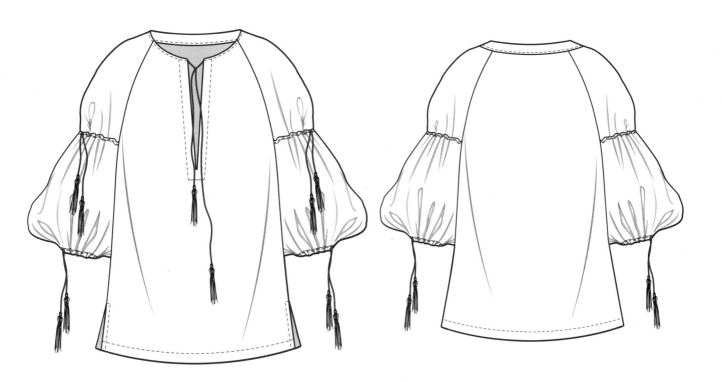

灯笼插肩袖飘带衬衫

插肩灯笼袖系带V领衬衫

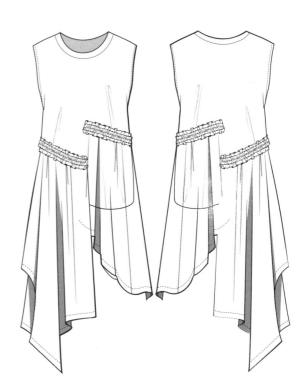

不对称下摆无袖上衣

衣身袖子叠褶装饰罩衫

褶裥装饰袖领口系带衬衫

褶皱V领背心

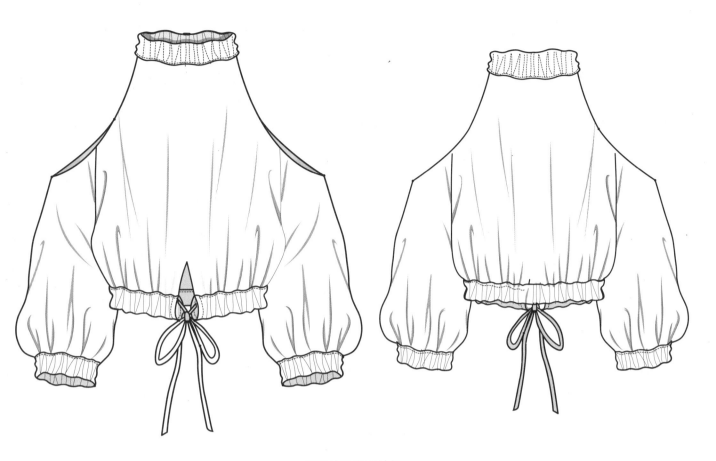

灯笼袖露肩短衬衫

单斜肩抹胸上衣

低腰系带休闲吊带衫

斗篷式露肩条纹装饰衬衫

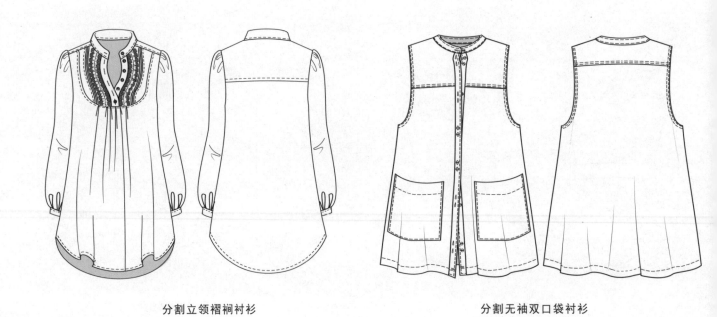

分割立领褶裥衬衫　　　　　　　　　　分割无袖双口袋衬衫

方领分割灯笼袖大摆衬衫

方领插肩袖抽褶波浪短款宽松上衣　　　　翻领七分袖单口袋衬衫

绗缝灯笼袖无领抽褶上衣

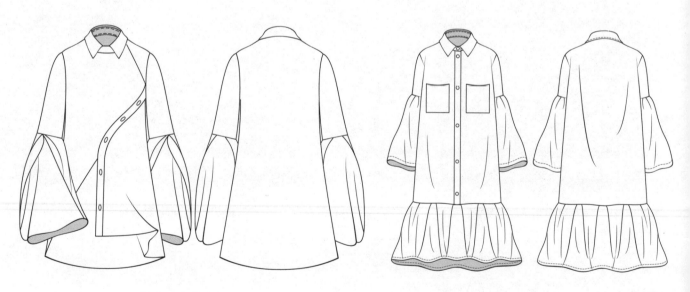

翻领曲线门襟衬衫

翻领喇叭袖长款衬衫

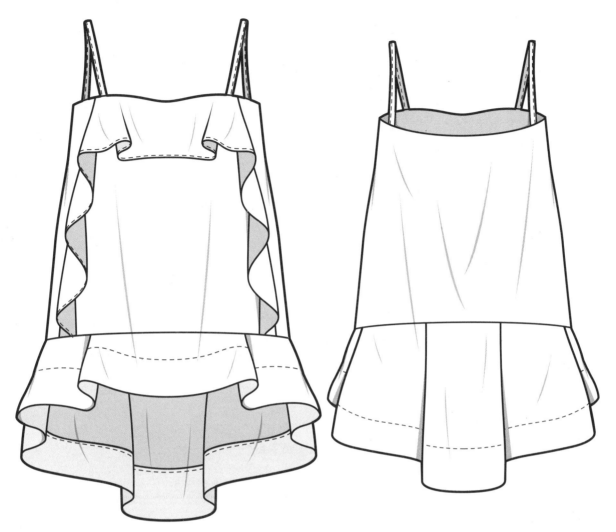

荷叶边吊带衫

多层次摆吊带衫

前短后长宽松短款上衣

横向分割连帽罩衫

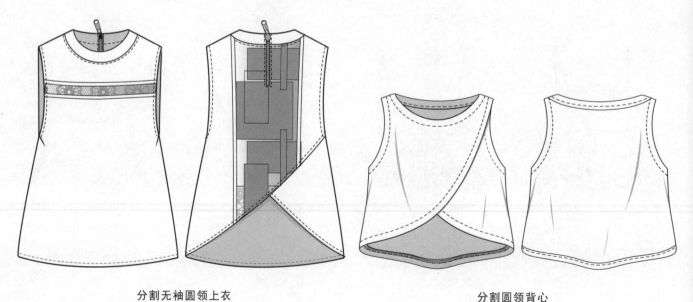

分割无袖圆领上衣

分割圆领背心

肩部木耳边抽褶宽松衬衫

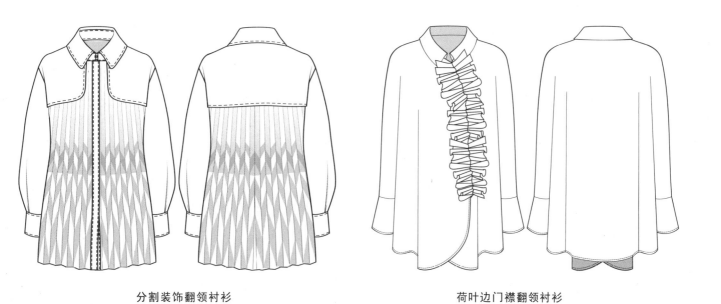

分割装饰翻领衬衫

荷叶边门襟翻领衬衫

抽褶袖宽松衬衫

横向分割抽褶系带长款衬衫

花边袖翻领荷叶边门襟衬衫

宽松泡泡袖上衣

尖翻领不对称衣摆袖口系带衬衫　　　　　　　尖翻领露肩圆摆衬衫

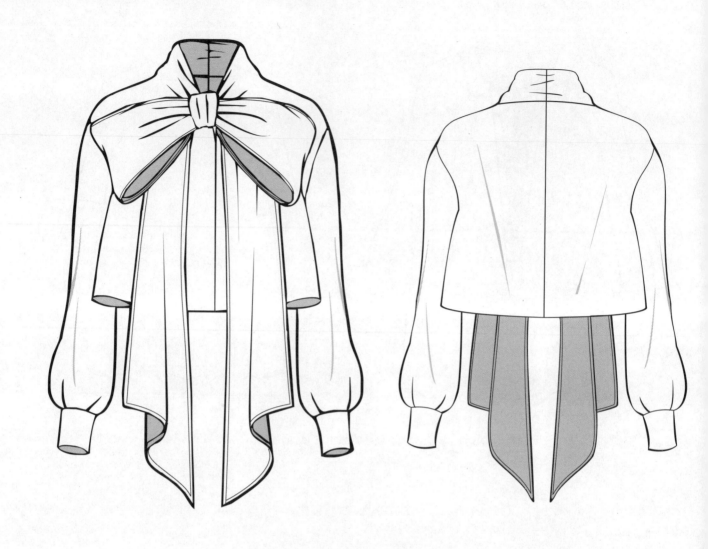

领口超大蝴蝶结装饰短款衬衫

尖翻领喇叭袖衬衫   尖领灯笼袖假两件衬衫

立领V领毛巾系带宽松衬衫

尖领肩部纽扣装饰衬衫　　　　　　　　　　尖领袖中缝分开直身型衬衫

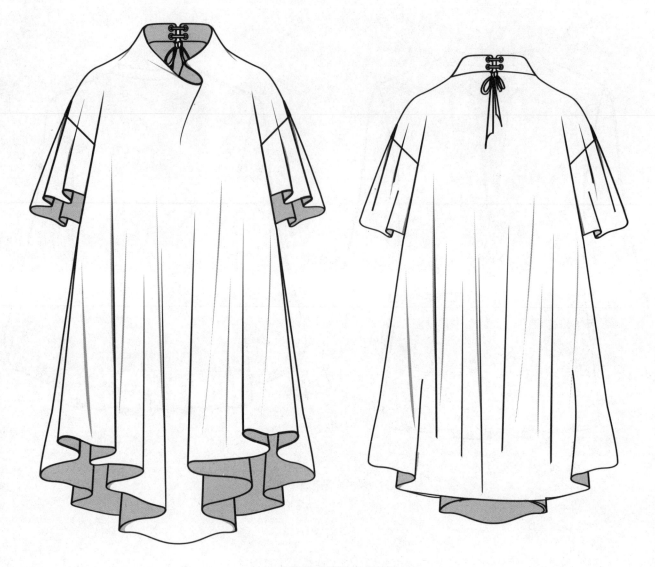

立领绑带大波浪中长款罩衫

披风式波浪下摆上衣

喇叭袖V领休闲上衣

立领胸口爱心花边装饰衬衫

立领背后分割长袖上衣

立领大口袋装饰无袖衬衫

蕾丝装饰后背门襟T恤

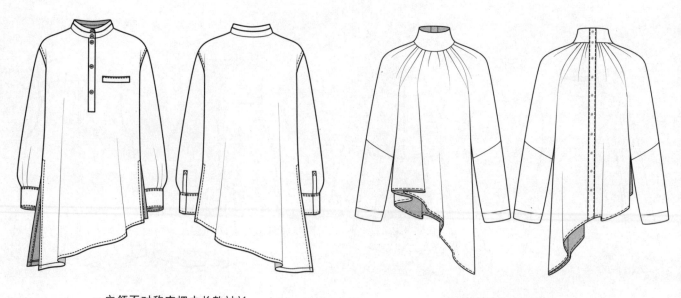

立领不对称衣摆中长款衬衫   立领不对称衣摆衬衫

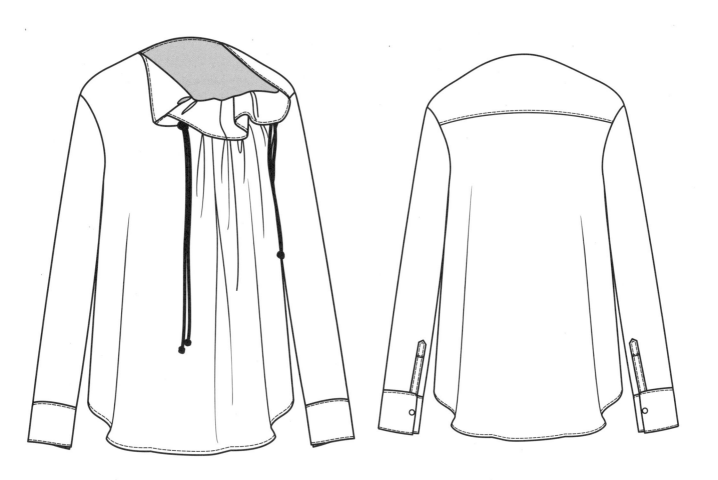

领口抽绳衬衫

两件套透明吊带衫

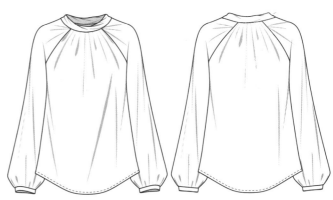

领口发散褶灯笼袖罩衫

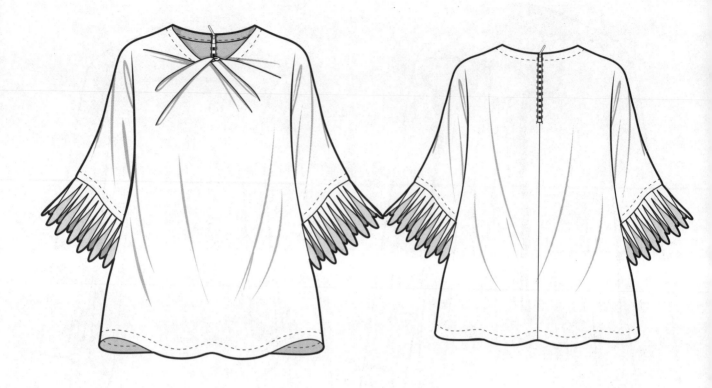

领口对褶宽松上衣

内衣外穿假披肩上衣

前短后长简洁分割不对称面料短款上衣

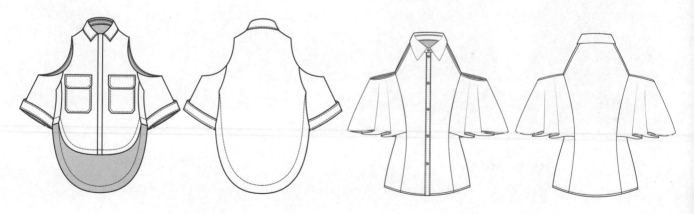

露肩方领圆摆衬衫

露肩喇叭短袖衬衫

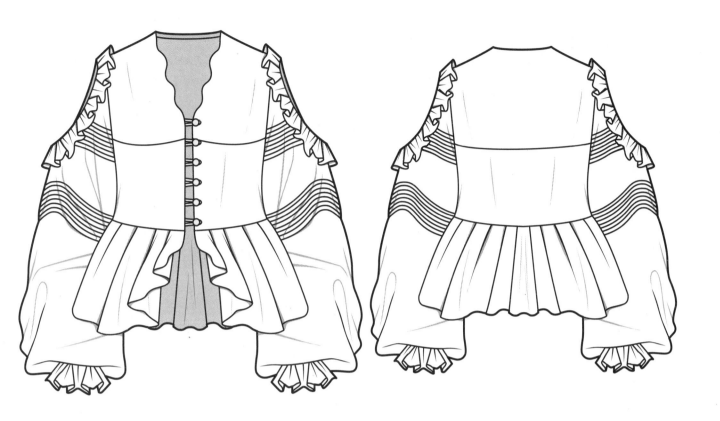

露肩木耳边装饰大灯笼袖衬衫

露肩尖领长款衬衫

民族风无袖上衣

一字肩抽褶衬衫

圆领褶裥娃娃衫

褶裥背心

波浪下摆装饰门襟娃娃衫

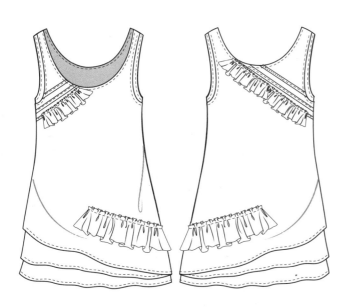

木耳边装饰吊带衫

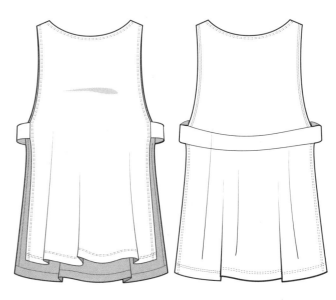

前后两片式背心

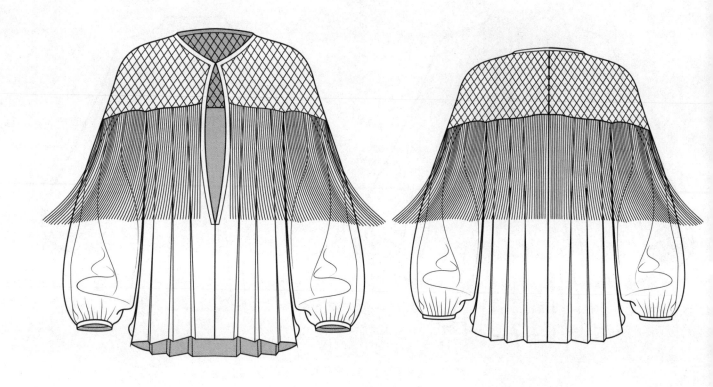

网格流苏衬衫

七分袖塔克褶衬衫   条纹系带衬衫

褶皱民族风衬衫

细褶翻领衬衫

一颗扣五分袖压线衬衫

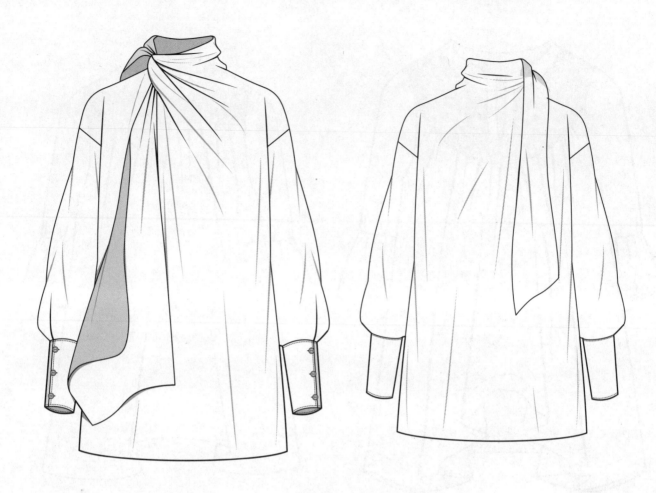

围巾领落肩长袖克夫衬衫

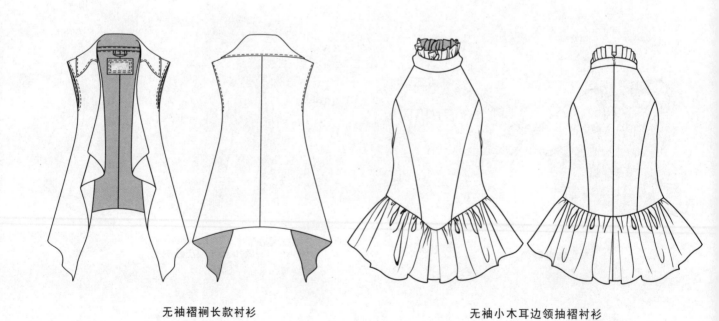

无袖褶裥长款衬衫

无袖小木耳边领抽褶衬衫

交襟蝙蝠衫

系带翻领微喇叭袖衬衫

斜门襟皱纹上衣

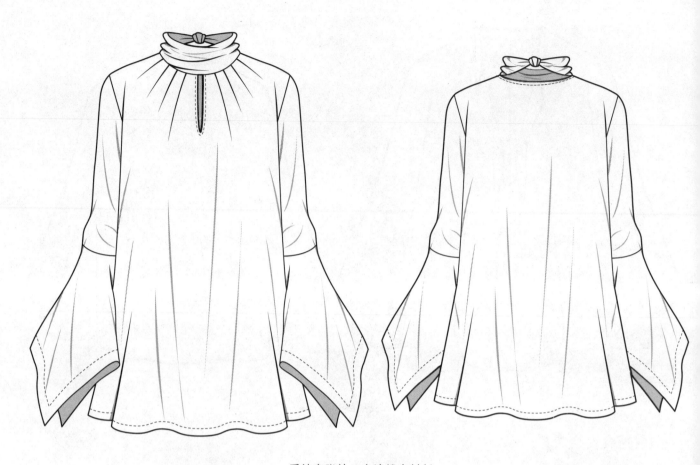

系结夸张袖口水滴镂空衬衫

装饰铆钉衬衫

胸口镂空背部拉链直筒上衣

袖口开衩花纹装饰短款宽松T恤

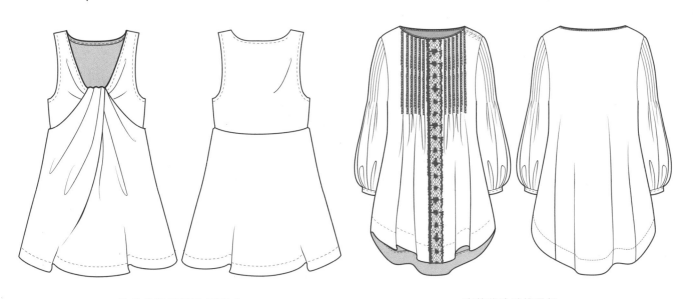

胸前发散型褶皱A型背心

胸前花边装饰罩衫

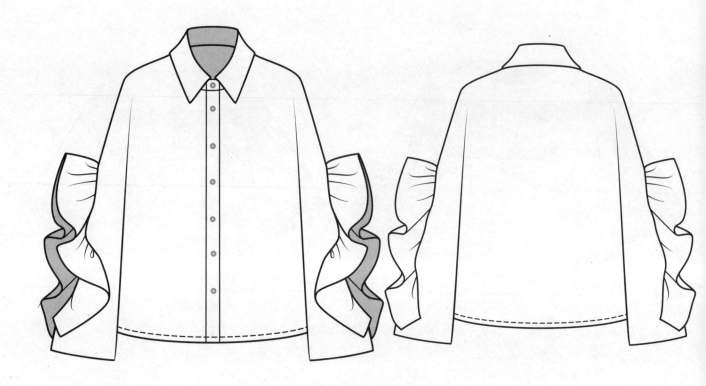

袖子荷叶边装饰尖领衬衫

圆领无袖衣身不对称设计波浪褶罩衫　　　　　　　圆领胸部弧线分割背心

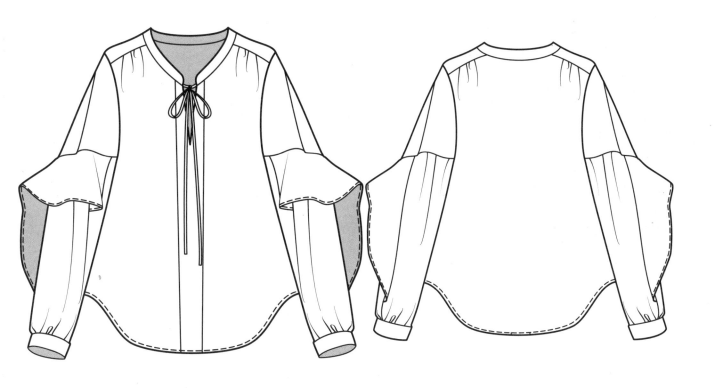

袖子分割波浪装饰系带衬衫

一字肩宽松短衬衫

一字领喇叭袖双带小背心

圆领抽褶木耳边装饰A型罩衫

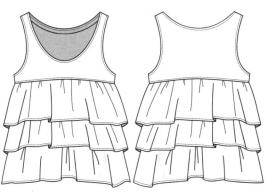

圆领多层次衣摆衬衫

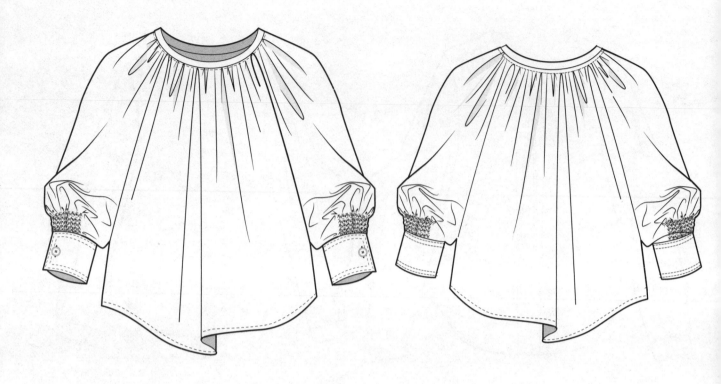

袖口塔克褶不对称衣摆宽松罩衫

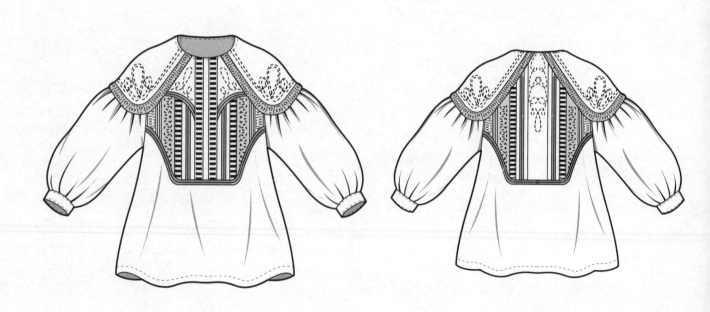

无领装饰门襟娃娃衫

第三章

款式图设计
（H型）

不对称别针装饰翻领衬衫

T型领流苏短袖罩衫

V型领落肩压线长款开衩衬衫

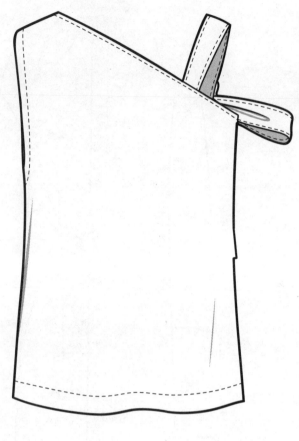

不对称蝴蝶结背心

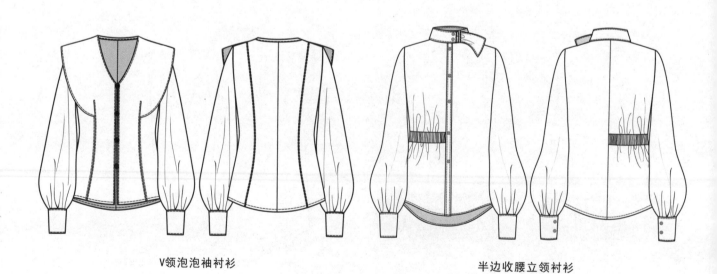

V领泡泡袖衬衫　　　　　　　　半边收腰立领衬衫

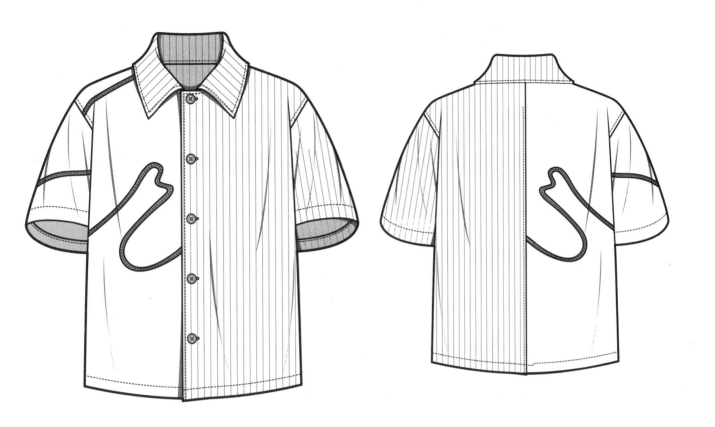

不对称曲线分割拼色短袖衬衫

背部拉链吊带背心

蝙蝠袖荷叶边衬衫

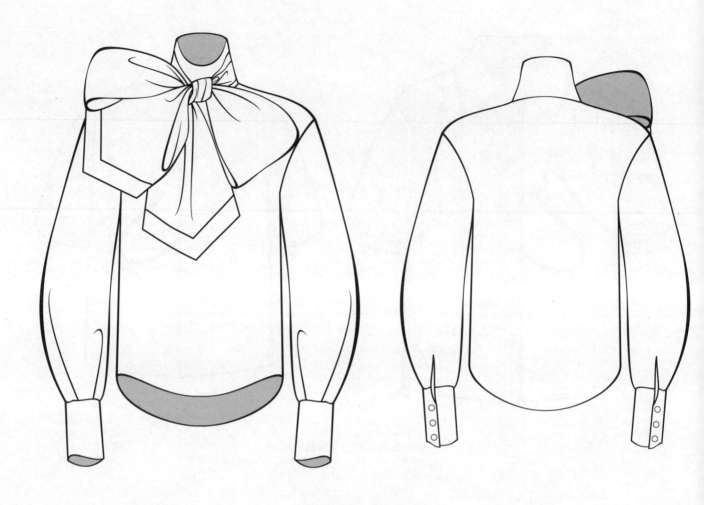

蝴蝶结造型前短后长衬衫

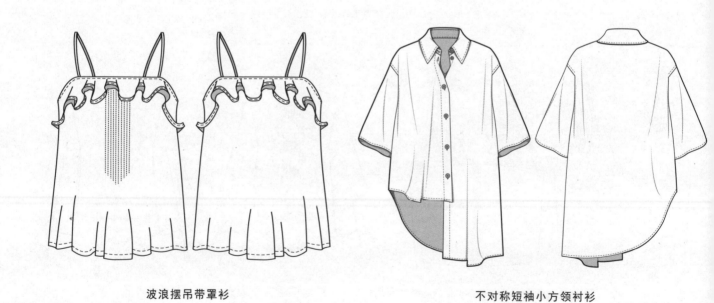

波浪摆吊带罩衫

不对称短袖小方领衬衫

不对称袖波浪褶装饰衬衫

木耳边领拉链衬衫

插肩灯笼袖蝴蝶结领衬衫

不对称腰部褶裥衬衫

插肩灯笼袖颈后蝴蝶结飘带抽褶立领衬衫　　　　　　插肩宽袖翻领衬衫

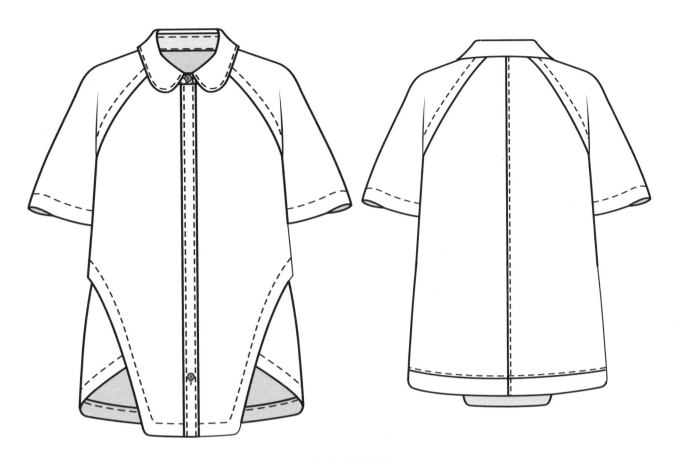

插肩翻领分割衬衫

插肩袖圆领衬衫

插肩异形立领腰后蝴蝶结收腰衬衫

插肩泡泡袖前门襟绣花直筒衬衫

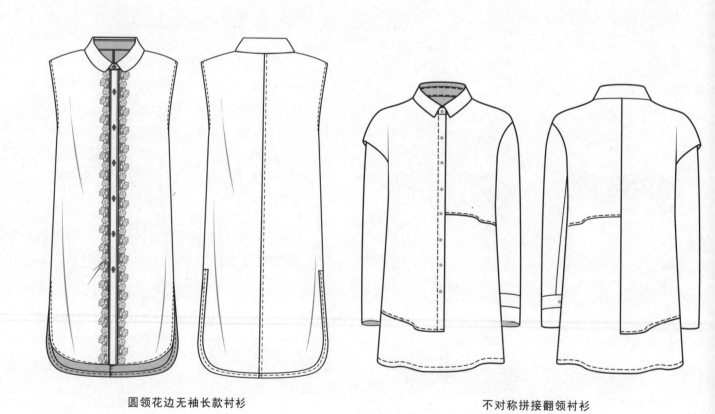

圆领花边无袖长款衬衫

不对称拼接翻领衬衫

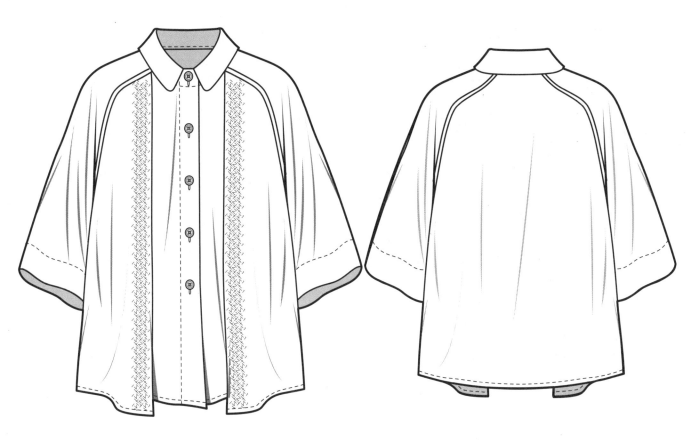

插肩七分袖门襟装饰衬衫

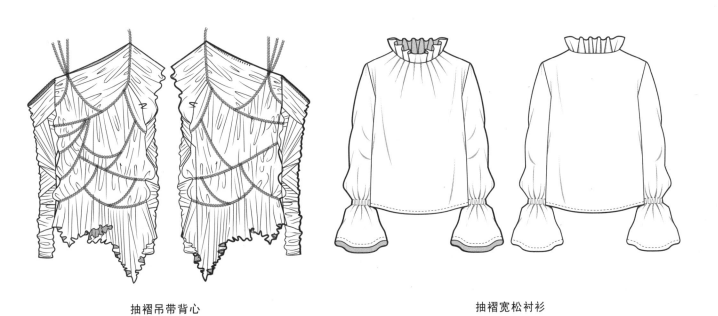

抽褶吊带背心

抽褶宽松衬衫

灯笼袖荷叶边翻领衬衫

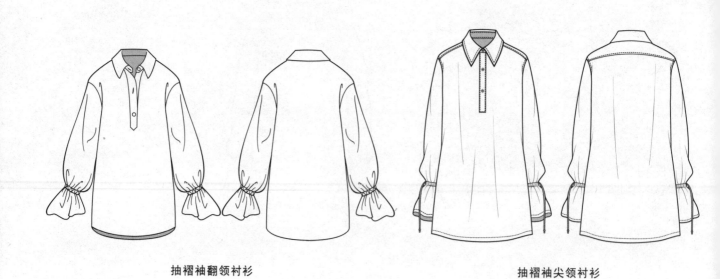

抽褶袖翻领衬衫

抽褶袖尖领衬衫

灯笼袖荷叶边领曲线分割衬衫

灯笼袖露肩短吊带上衣

大尖领宽松仿男式衬衫

灯笼袖蝴蝶结飘带立领长款衬衫

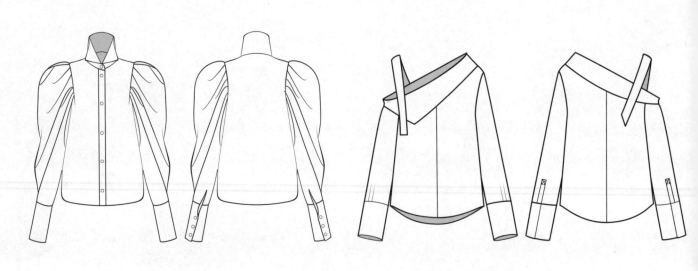

大泡泡袖翼领衬衫

单肩系带衬衫

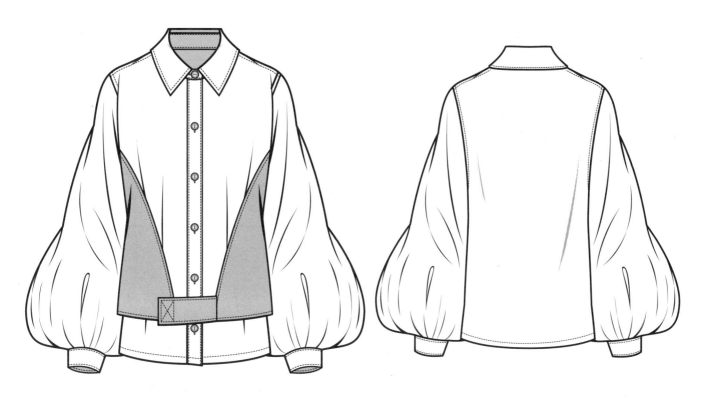

灯笼袖假两件小方领衬衫

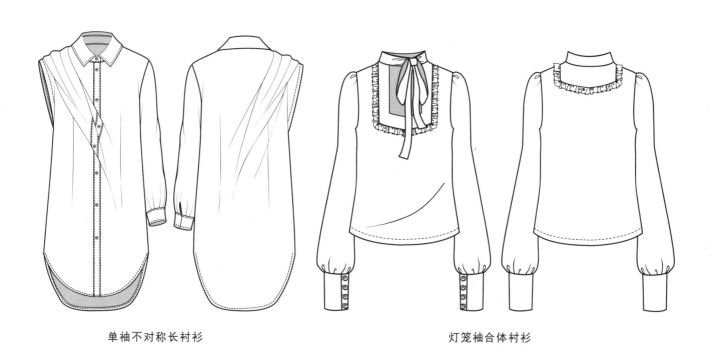

单袖不对称长衬衫

灯笼袖合体衬衫

无领肩部褶裥衬衫

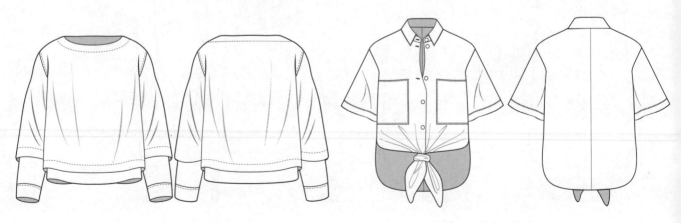

无领落肩假两件宽松罩衫　　　　　　　前短后长前打结短袖衬衫

短袖绣花罩衫

翻领落肩中袖胸前口袋装饰衬衫裙

翻领侧缝无缝合衬衫

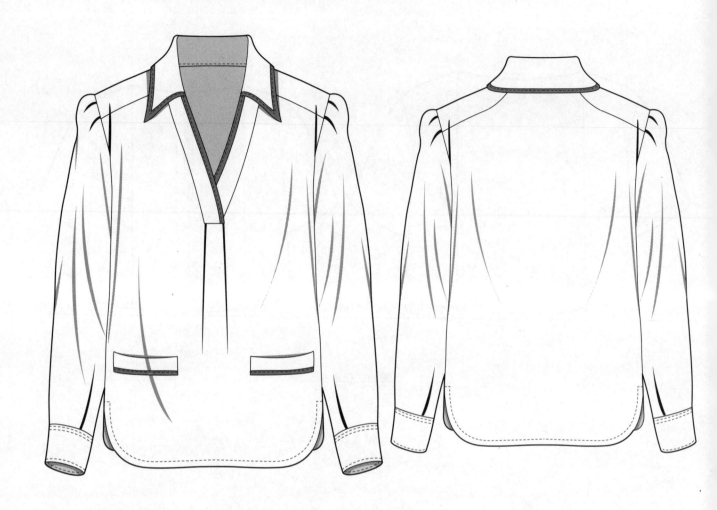

翻领V领衣身口袋装饰衬衫

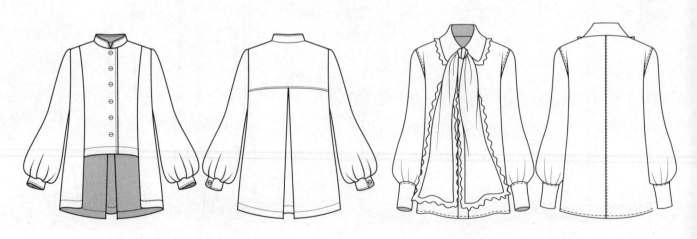

灯笼袖立领前短后长立领衬衫　　　　　　灯笼袖装饰蝴蝶结翻领衬衫

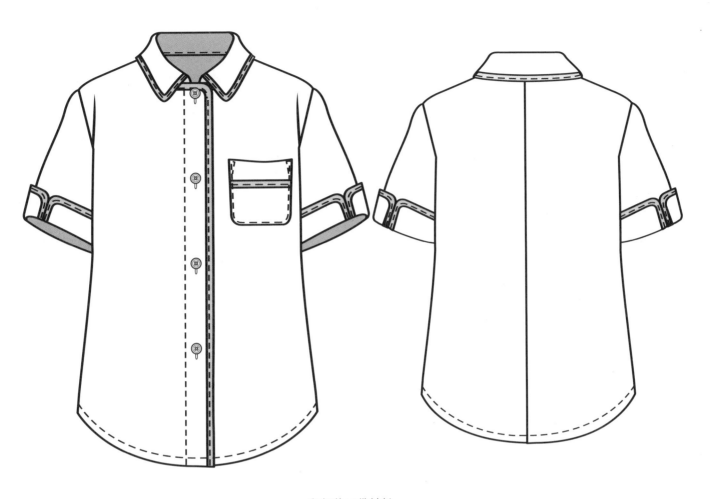

翻领单口袋衬衫

灯笼袖装饰领短衬衫

抽绳吊带上衣

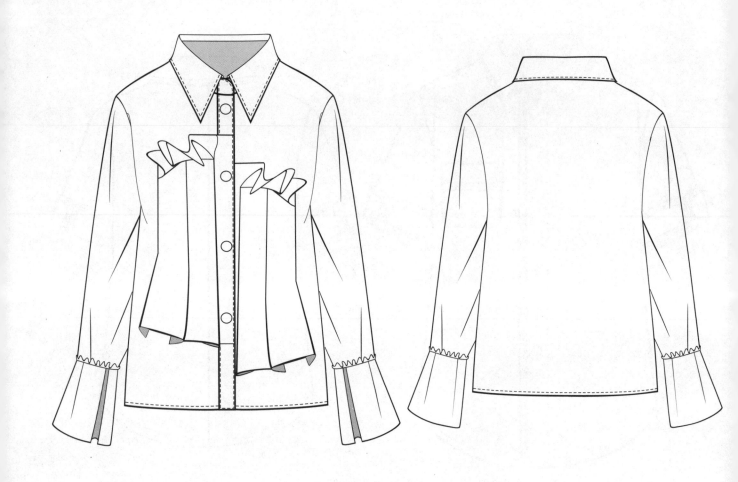

翻领夸张袖口衣身褶裥装饰衬衫

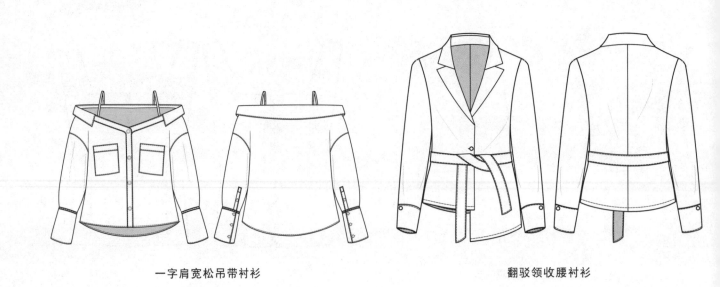

一字肩宽松吊带衬衫

翻驳领收腰衬衫

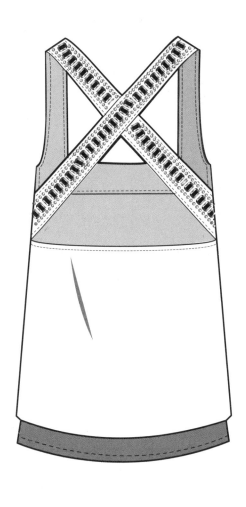

背部交叉双下摆吊带背心

灯笼袖花边系带领抽褶衬衫

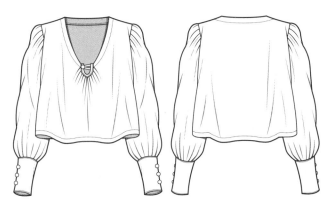

灯笼袖宽松罩衫

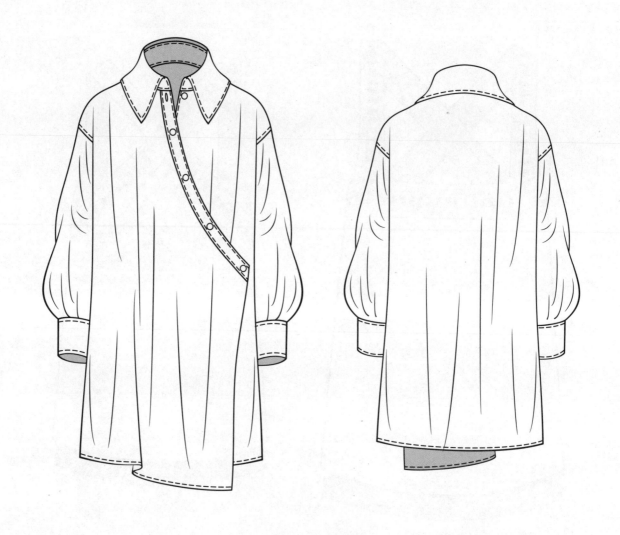

翻领落肩灯笼袖偏门襟衬衫裙

翻领肩前荷叶边衬衫

翻领灯笼袖背部褶裥衬衫

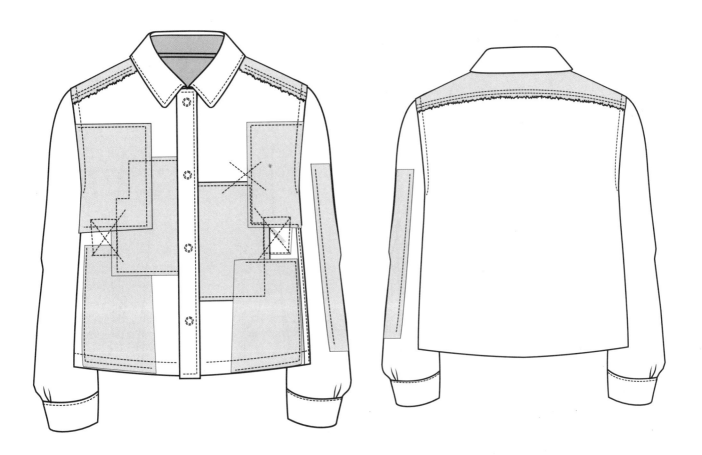

翻领拼贴补丁衬衫

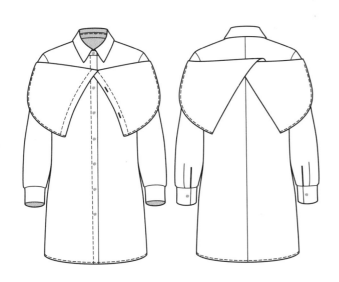

翻领肩克夫长款衬衫

翻领落肩单口袋衬衫

翻领身侧斜门襟系结衬衫裙

翻领前臂镂空衬衫

钉扣无袖衬衫

分割胸口绑带立领衬衫

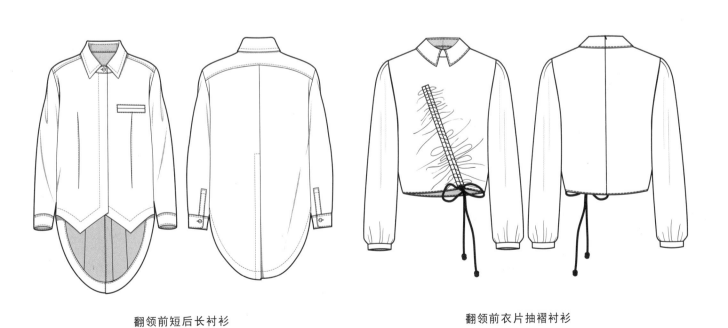

翻领前短后长衬衫   翻领前衣片抽褶衬衫

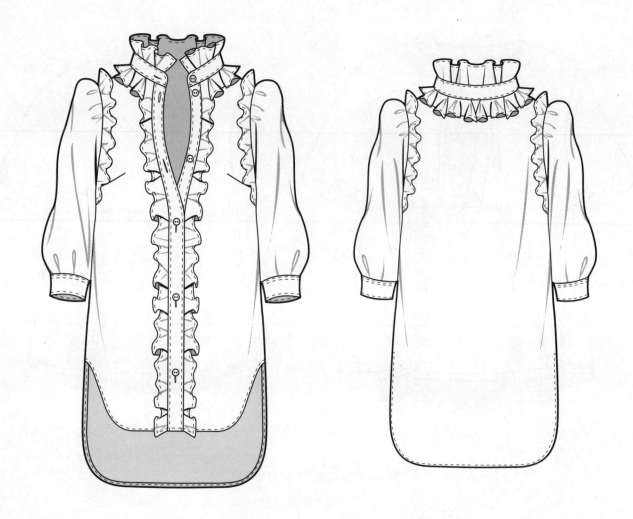

高领木耳边衬衫

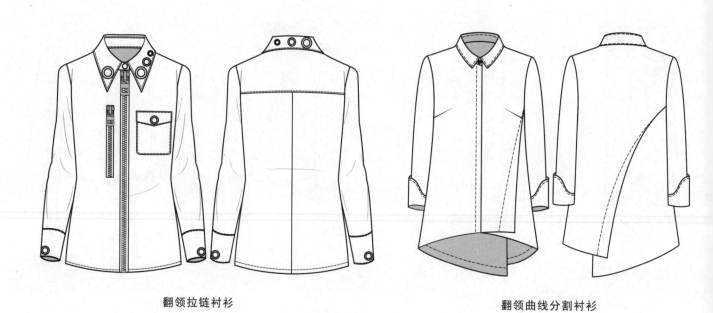

翻领拉链衬衫   翻领曲线分割衬衫

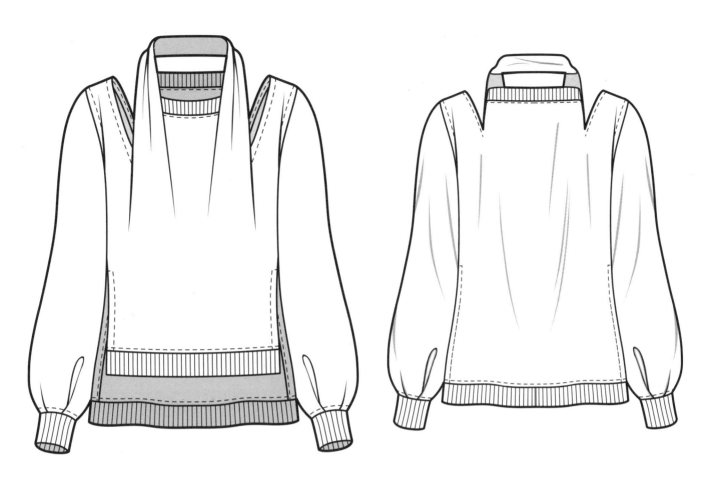

挂脖卫衣

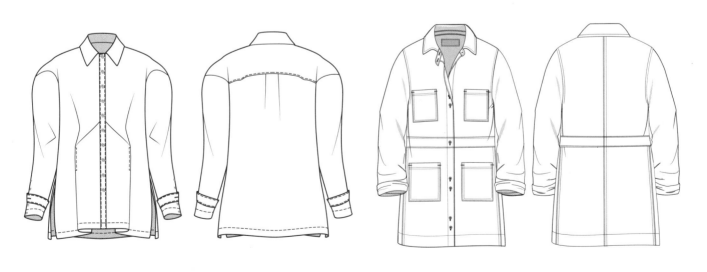

翻领衣身褶裥侧缝下摆开衩衬衫 方领仿男式长款衬衫

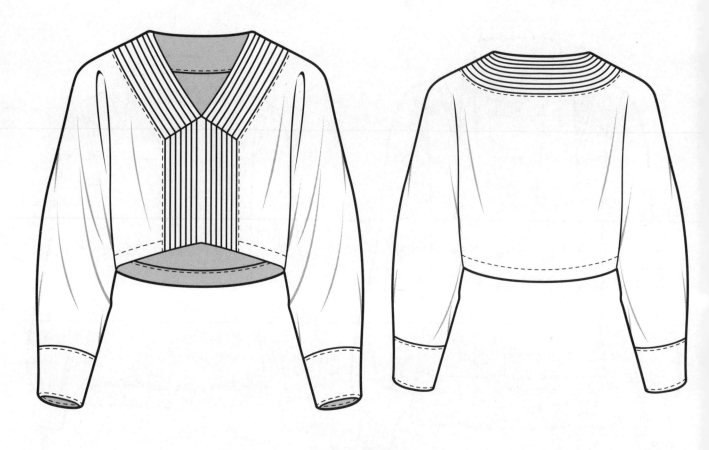

海军风宽松衬衫

翻领收腰衬衫裙

翻领系带曲线分割衬衫

荷叶边缠绕背心

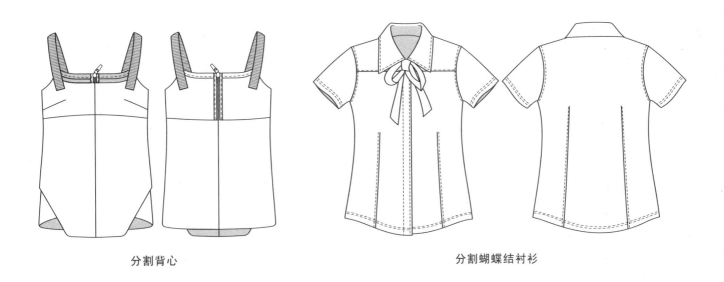

分割背心

分割蝴蝶结衬衫

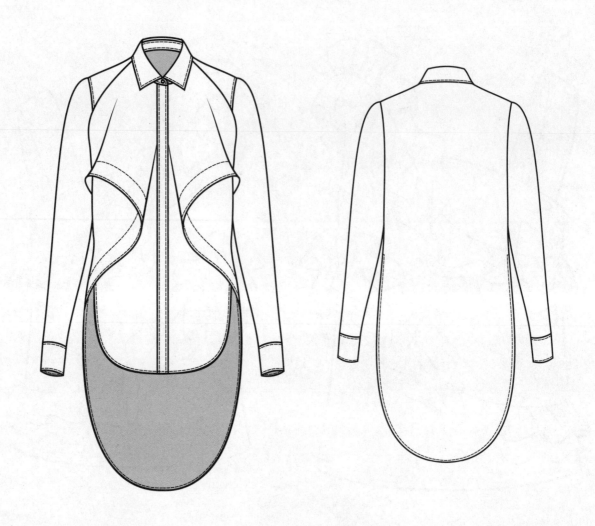

荷叶边翻领前短后长衬衫

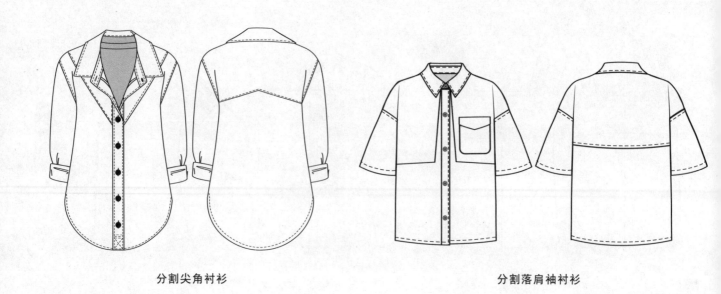

分割尖角衬衫

分割落肩袖衬衫

荷叶领灯笼袖衬衫

分割长款衬衫

分割褶裥衬衫

上下蝴蝶结绑带衬衫

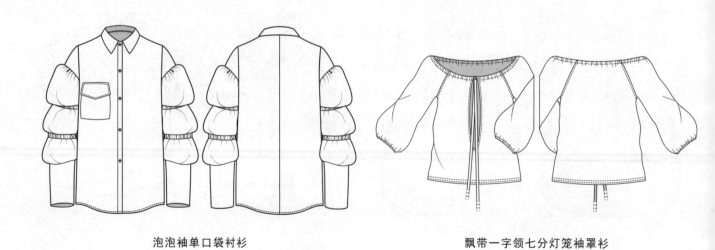

泡泡袖单口袋衬衫　　　　　　　　飘带一字领七分灯笼袖罩衫

横向分割圆领拉链外套

高领仿夹克衬衫

荷叶边领灯笼袖娃娃衫

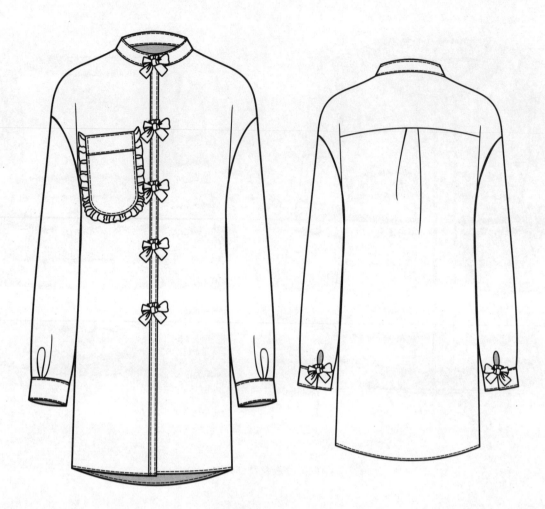

蝴蝶结装饰中长款衬衫

下摆袖口罗纹直筒衬衫

前门襟金属扣装饰衬衫

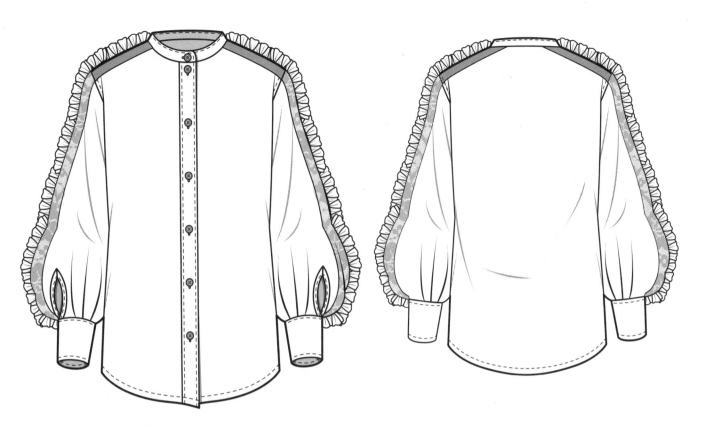

花边泡泡袖圆领衫

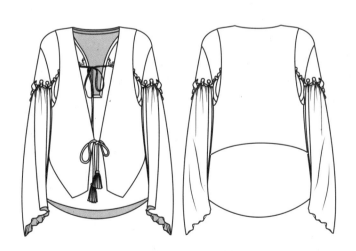

荷叶袖假两件无领衬衫

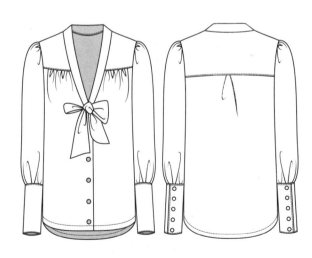

蝴蝶结V领衬衫

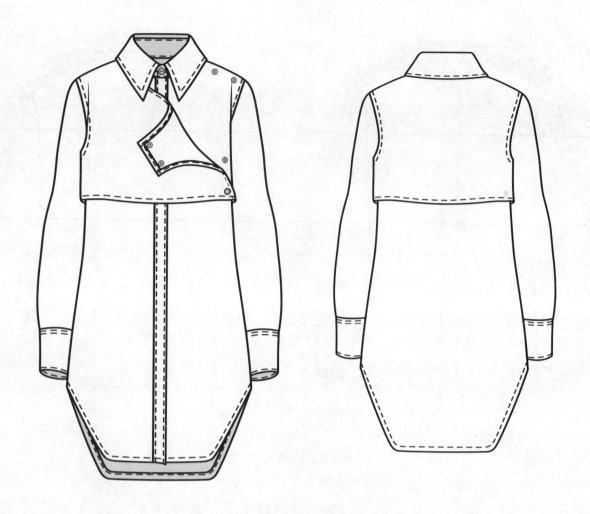

几何下摆前短后长假两件长款衬衫

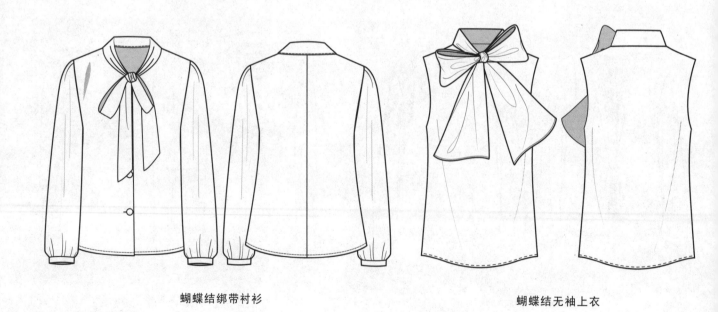

蝴蝶结绑带衬衫

蝴蝶结无袖上衣

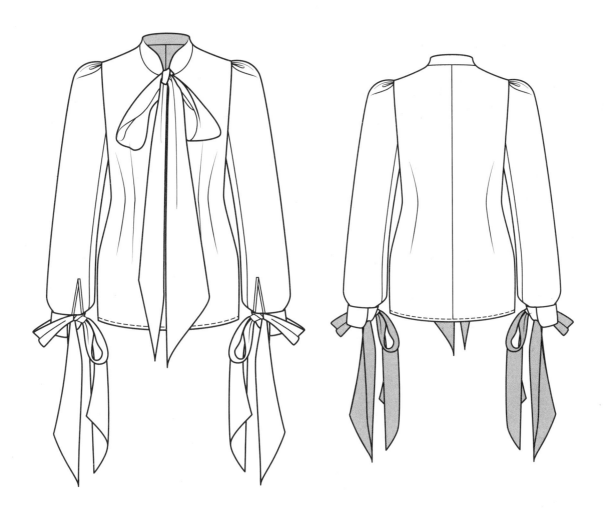

夸张袖口领口蝴蝶结飘带修身衬衫

蝴蝶领结泡泡袖衬衫

蝴蝶结装饰宽松衬衫

立领蝴蝶结加波浪褶无袖衬衫

花瓣领肩部镂空衬衫

花边翻领短袖衬衫

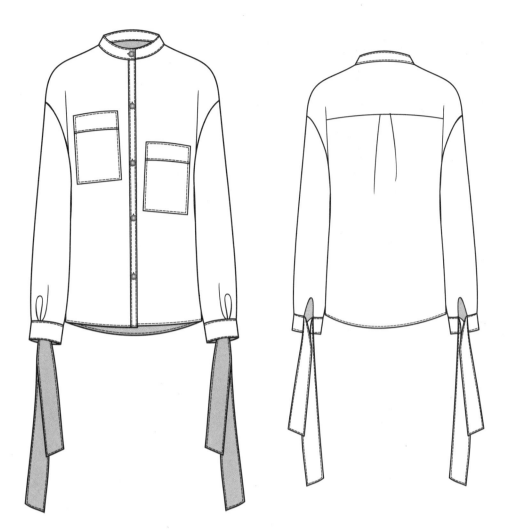

袖子绑带不对称口袋衬衫

腰部镂空中长款衬衫

腰部抽带中袖衬衫

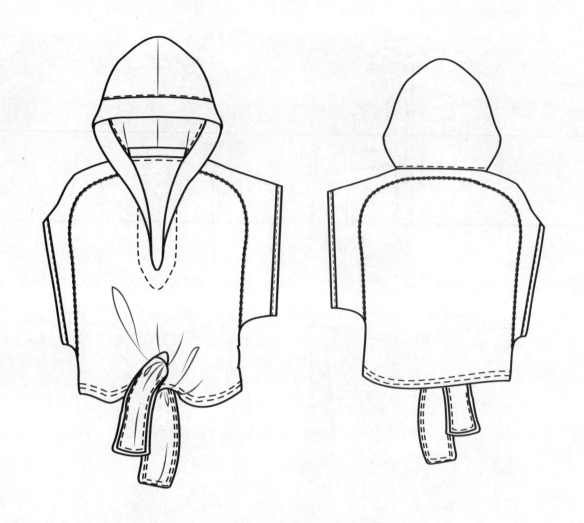

连衣袖带帽衣身系结套头上衣

基础短袖衬衫

假两件多分割衬衫

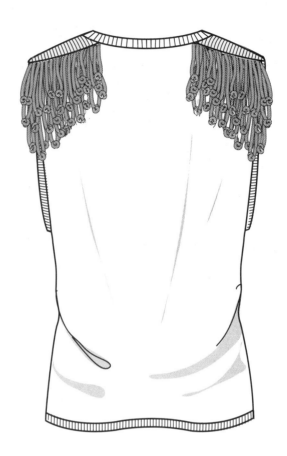

链条装饰垂荡褶背心

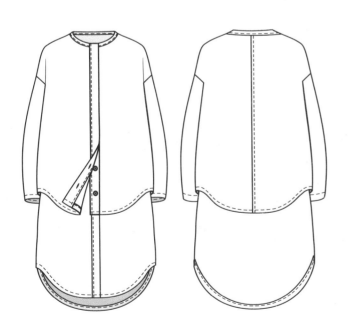

假两件落肩长衬衫

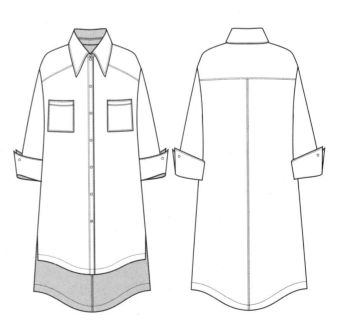

尖翻领半袖长款衬衫

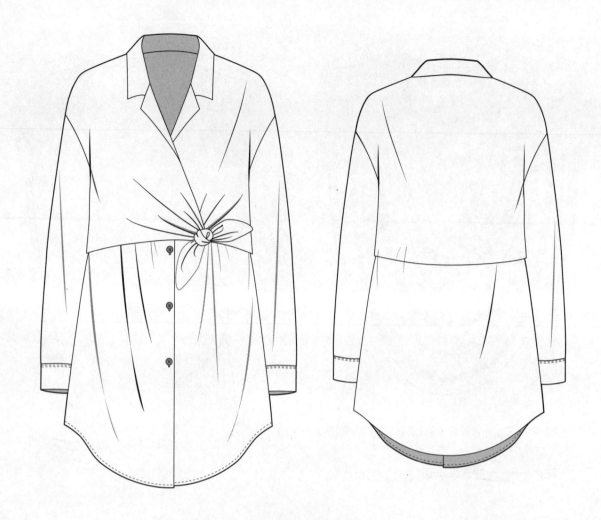

两件套长款扎系衬衫

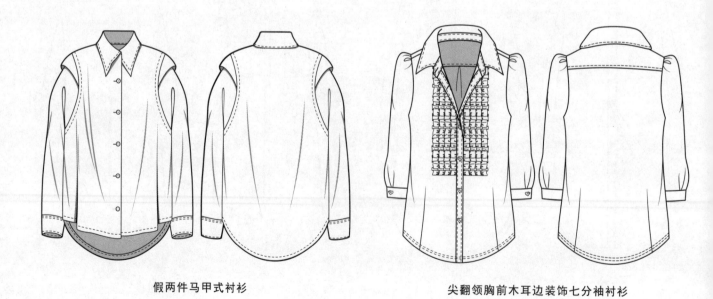

假两件马甲式衬衫

尖翻领胸前木耳边装饰七分袖衬衫

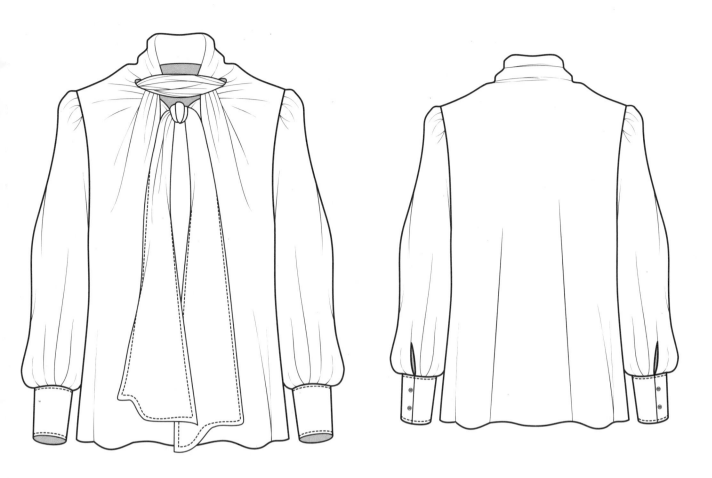

领带灯笼袖衬衫

尖领分割衬衫   尖领袖中缝分开直身型衬衫

领尖气眼衬衫

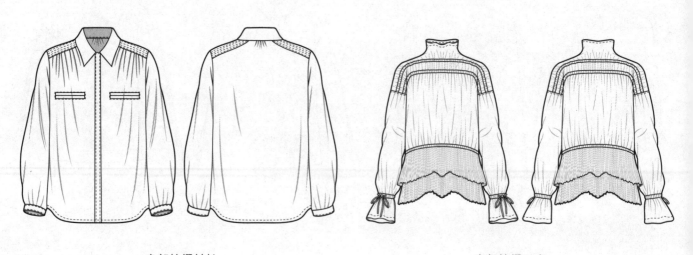

肩部抽褶衬衫

肩部抽褶卫衣

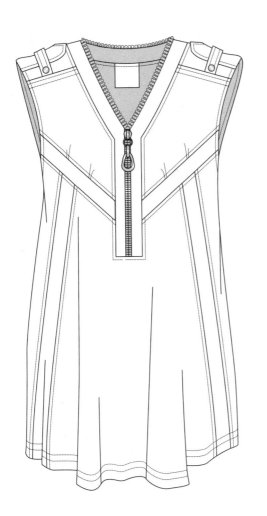

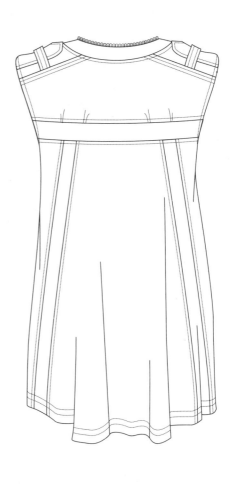

领口拉链装饰无袖衬衫

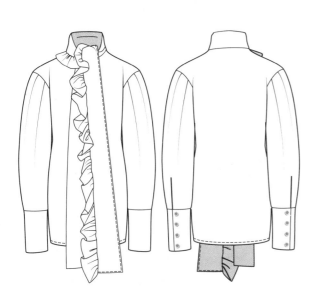

荷叶边飘带立领衬衫

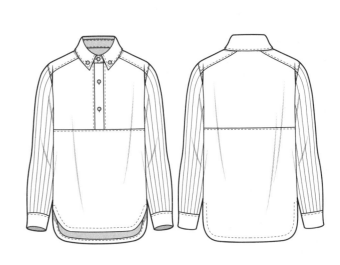

简单分割POLO款衬衫

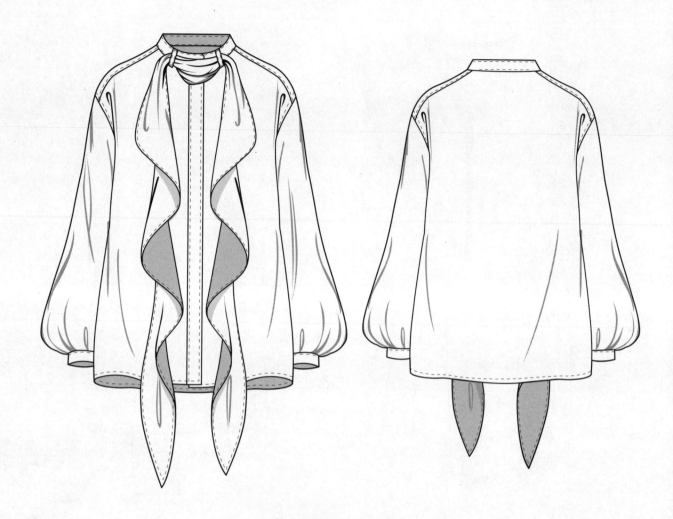

领口飘带落肩灯笼袖衬衫

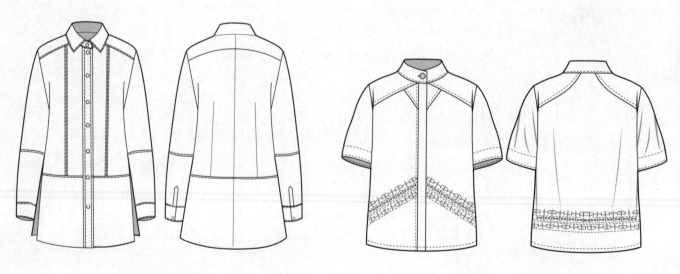

简单分割开衩衬衫

简单分割立领衬衫

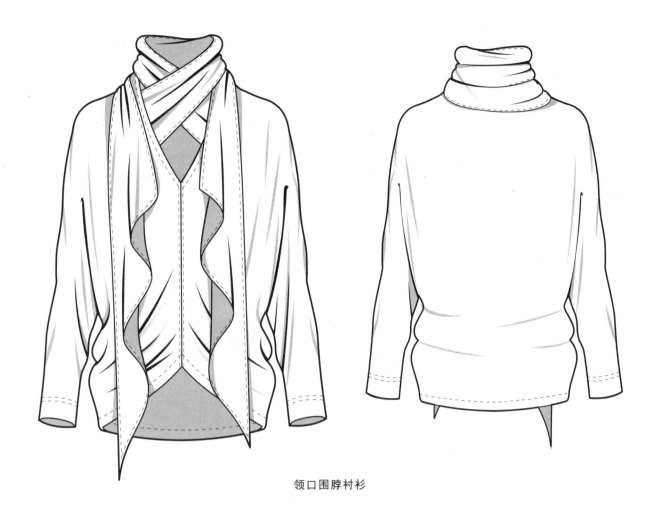

领口围脖衬衫

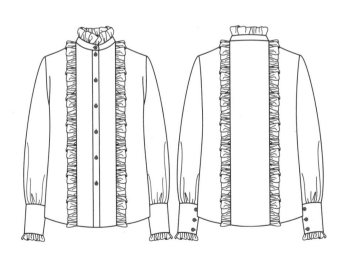

花边立领长袖衬衫

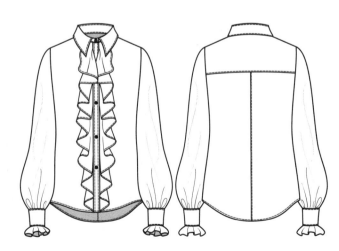

花边袖前中波浪褶造型衬衫

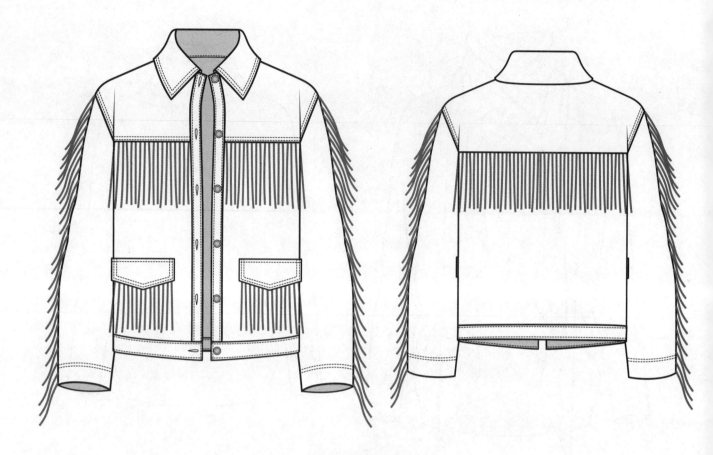

流苏装饰夹克式外穿衬衫

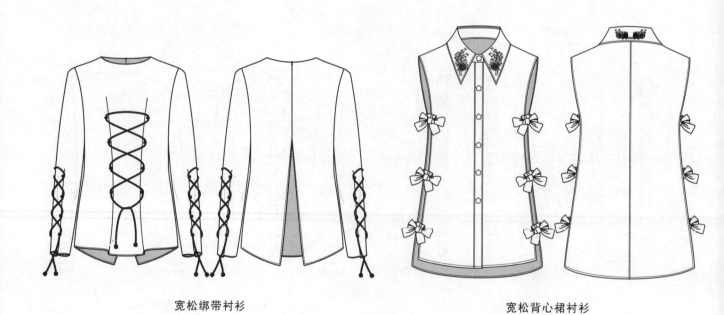

宽松绑带衬衫

宽松背心裙衬衫

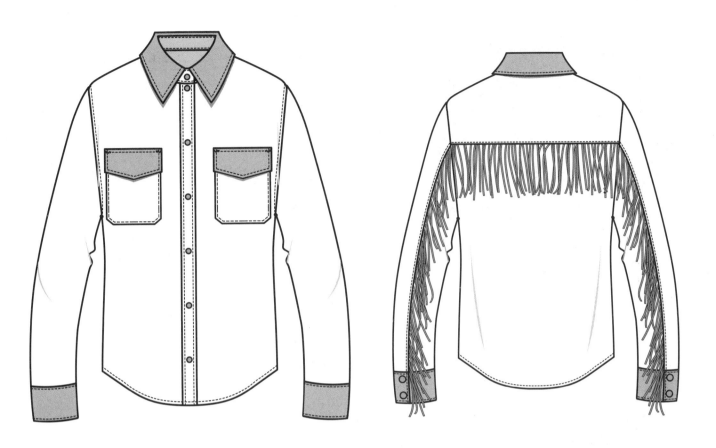

流苏装饰翻领衬衫

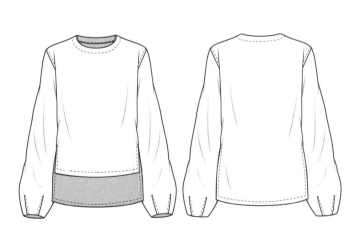

简单前短后长宽松上衣

简单翻领衬衫

落肩短袖领口立体褶衬衫

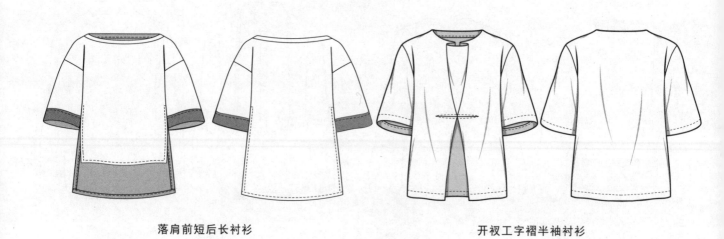

落肩前短后长衬衫　　　　　　　　　　　　　开衩工字褶半袖衬衫

落肩翻领灯笼袖口袋衬衫

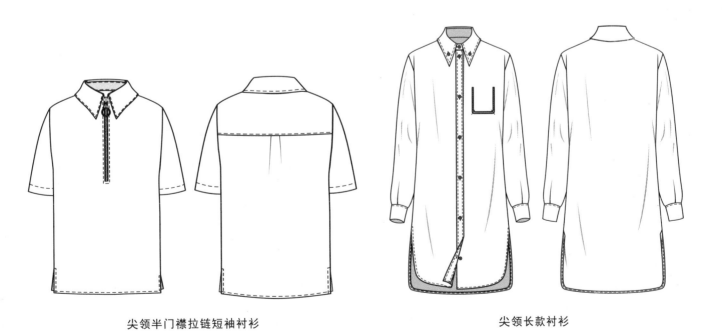

尖领半门襟拉链短袖衬衫

尖领长款衬衫

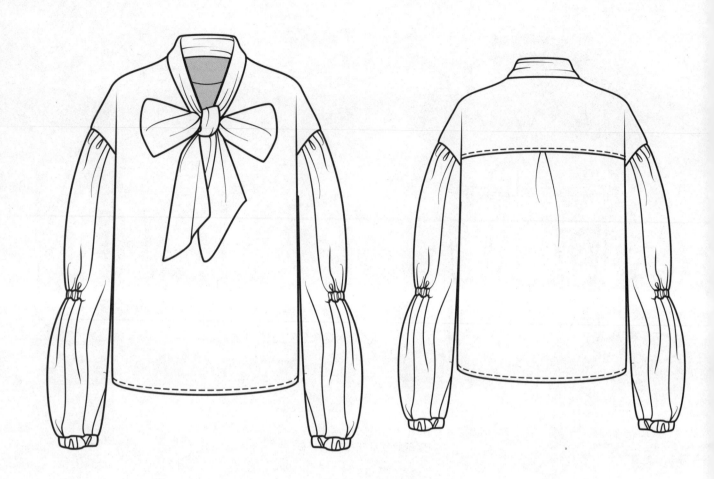

泡泡袖蝴蝶结领套头衬衫

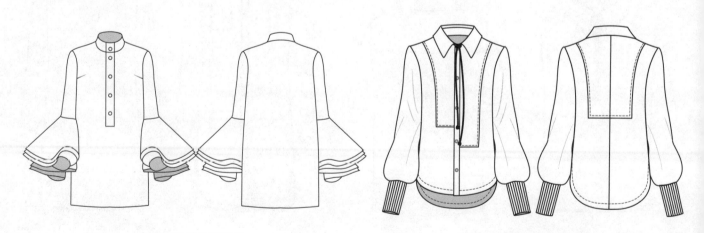

夸张喇叭袖立领衬衫

袖口收紧相对对称衬衫

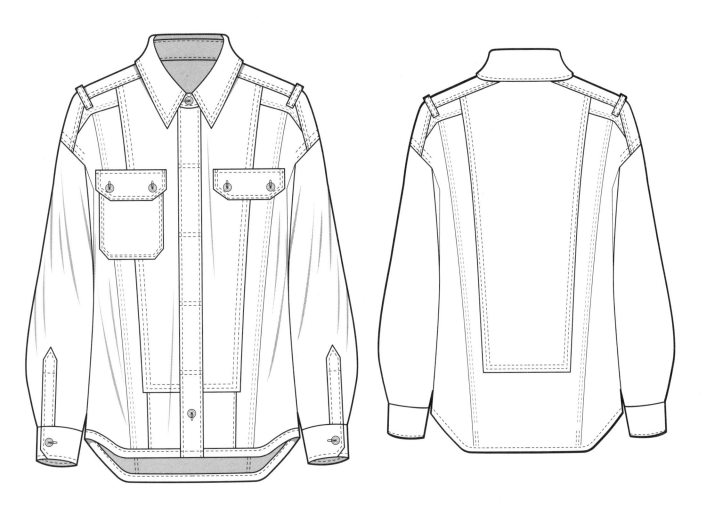

拼接式牛仔衬衫

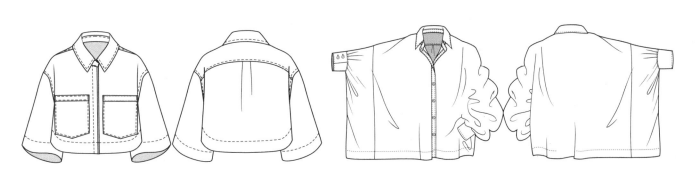

口袋装饰衬衫　　　　　　　　　　　夸张袖子方形造型衬衫

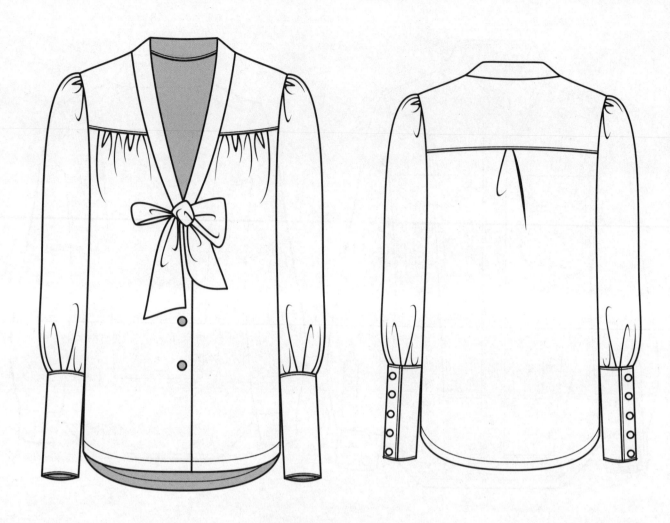

深V领蝴蝶结飘带长袖克夫衬衫

宽松V领衫

夸张袖翻领衬衫

泡泡袖胸前褶裥衬衫

落肩翻领直筒长款衬衫

木耳边领带飘带衬衫

水滴领宽松衬衫

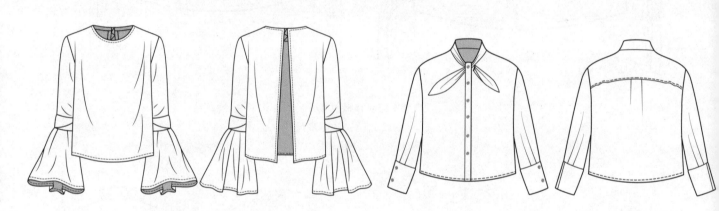

喇叭袖圆领后开衬衫

立领领口系结衬衫

宽松拼接T恤

大领宽松衬衫

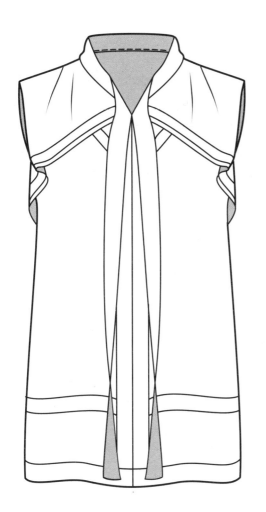
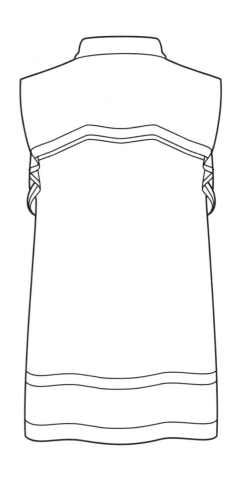

无袖荷叶边飘带立领衬衫

胸部双口袋装饰五分袖宽松衬衫　　　　　　　　　宽松下摆褶裥衬衫

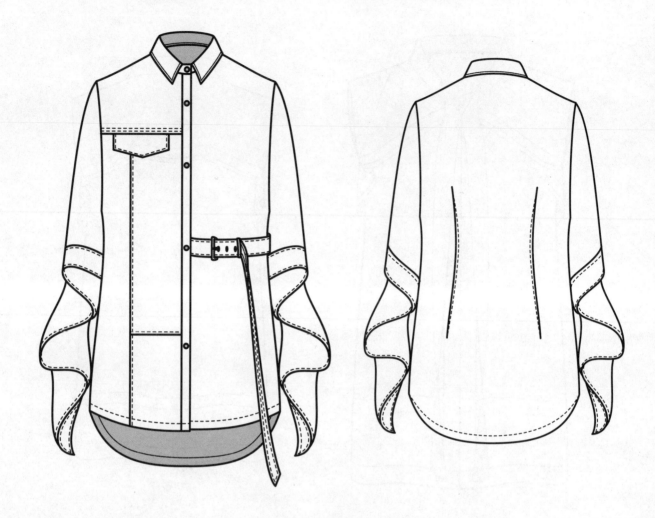

小方领荷叶袖不对称分割衬衫

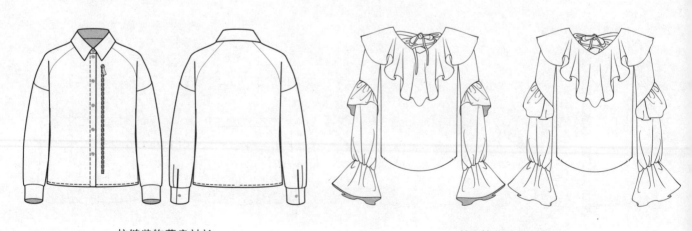

拉链装饰落肩衬衫

喇叭袖荷叶领衬衫

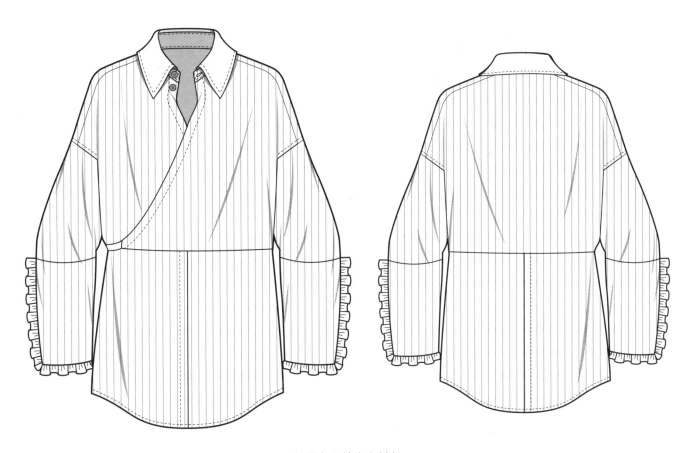

斜襟夸张袖克夫衬衫

胸口贴珠钻背心式套头衫

胸前口袋装饰尖翻领后腰镂空无袖衫

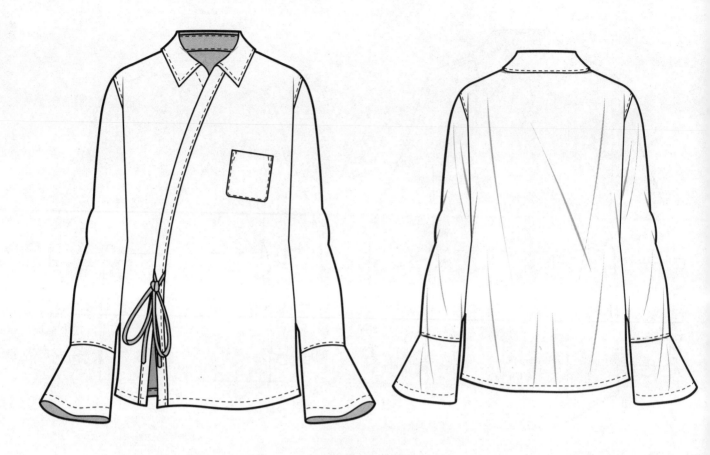

斜襟喇叭袖衬衫

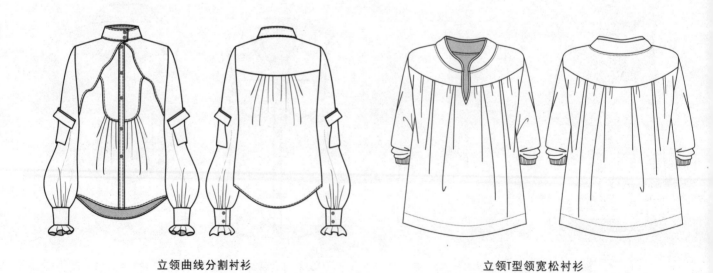

立领曲线分割衬衫

立领T型领宽松衬衫

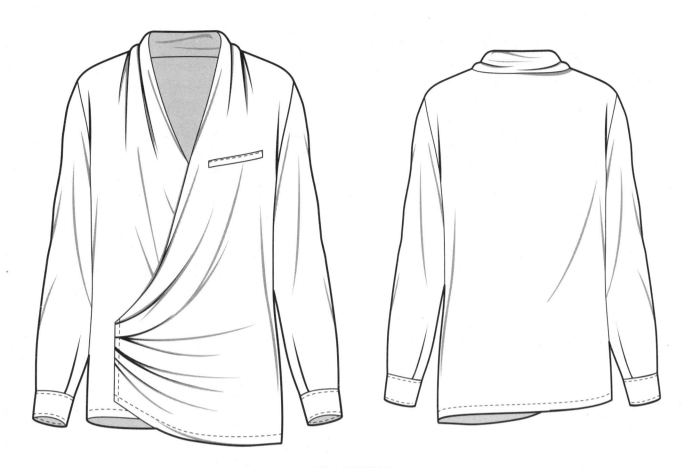

斜襟式抽褶衬衫

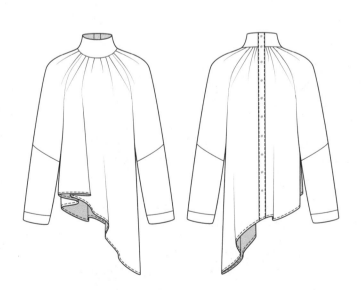

立领插肩袖不对称下摆衬衫

立领灯笼袖荷叶边偏门襟衬衫

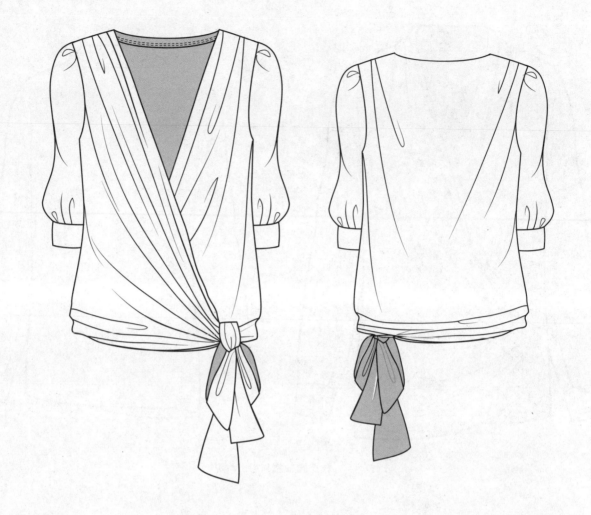

斜襟系带中袖衬衫

立翻褶简单分割下摆开衩长衬衫

立领分割褶裥压线前短后长长款衬衫

胸部双口袋腰部系绳衬衫

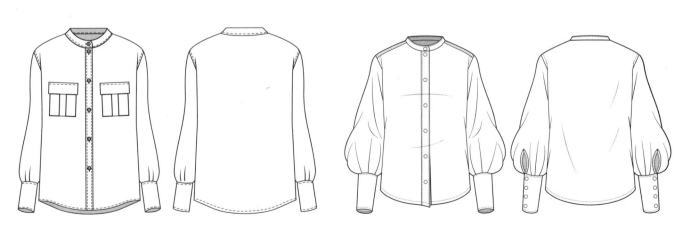

立领口袋压线中长款衬衫

立领灯笼袖宽袖克夫衬衫

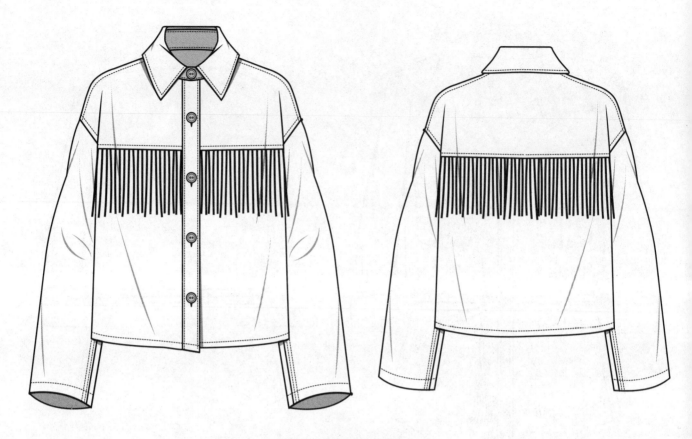

胸口流苏装饰外套式衬衫

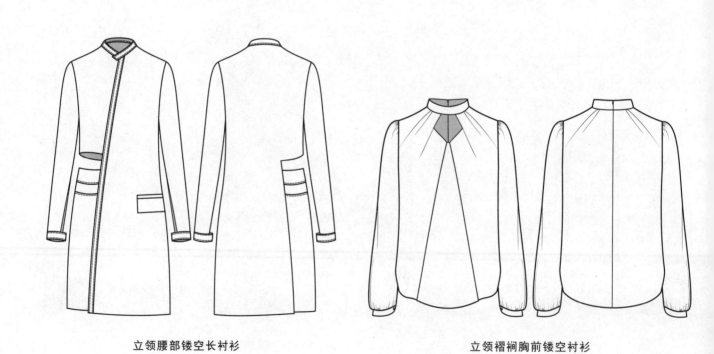

立领腰部镂空长衬衫

立领褶裥胸前镂空衬衫

胸前抽褶圆领衬衫

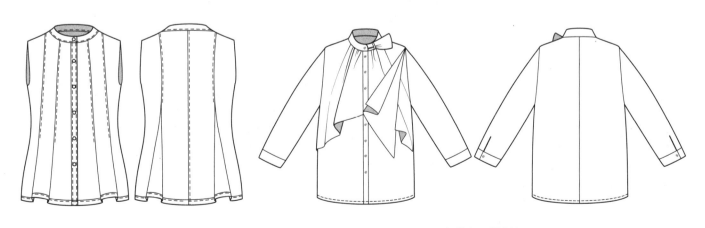

立领收省无袖衬衫

立领身前变化褶衬衫

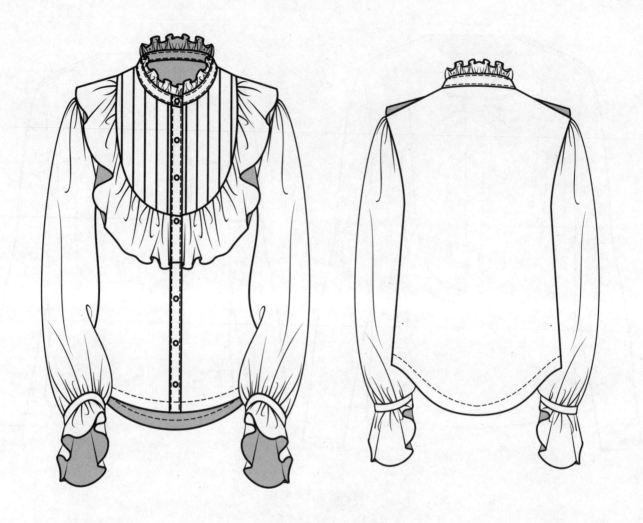

胸前荷叶边装饰灯笼袖荷叶领衬衫

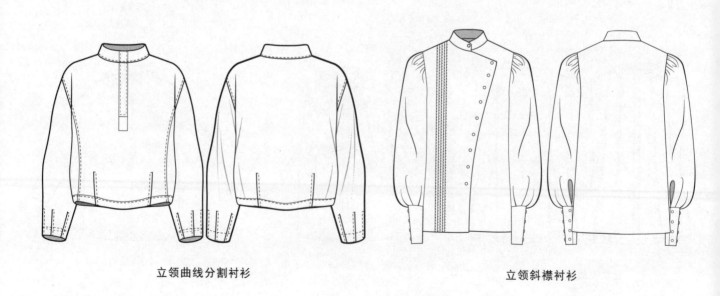

立领曲线分割衬衫

立领斜襟衬衫

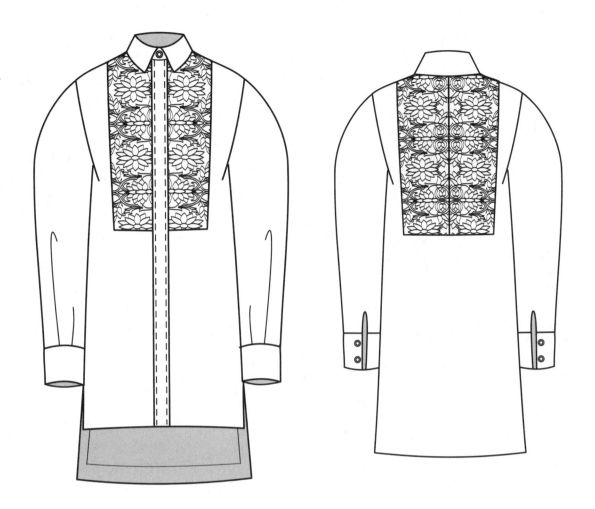

胸前蕾丝拼接长款衬衫

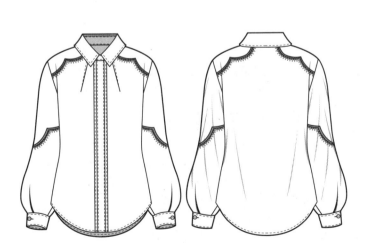

泡泡袖装饰衬衫

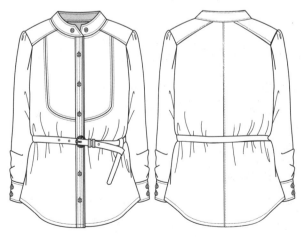

立领腰带装饰衬衫

绣花蝴蝶结飘带翻领前短后长衬衫

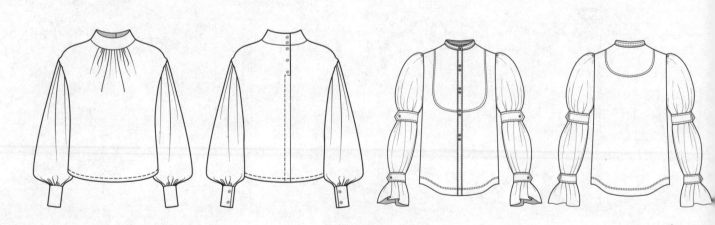

立领落肩灯笼袖背部纽扣衬衫 泡泡袖立领衬衫

装饰流苏背心

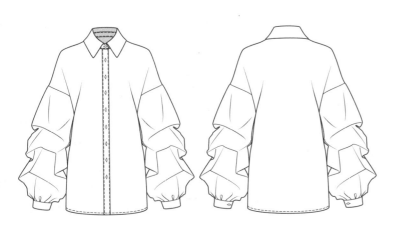

落肩组合袖翻领衬衫

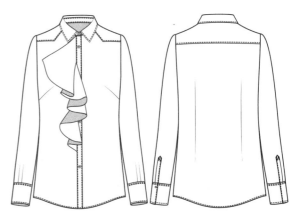

门襟荷叶边装饰衬衫

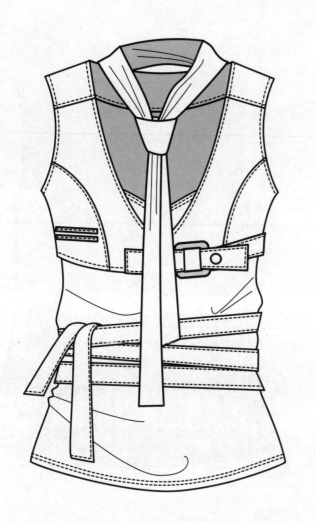
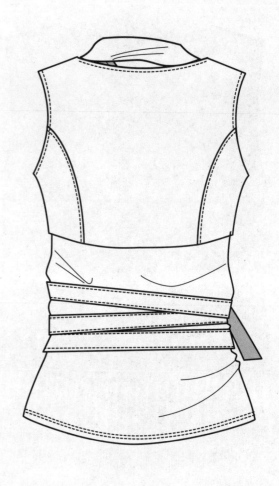

腰部系带多分割衬衫

领口蝴蝶结喇叭袖衬衫

领带衬衫

衣身袖子垂荡褶衬衫

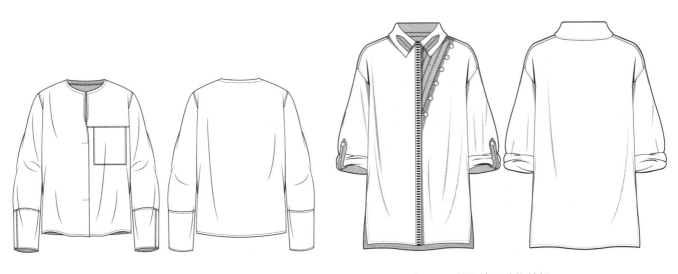

领宽松衬衫

领子袖口装饰衬衫

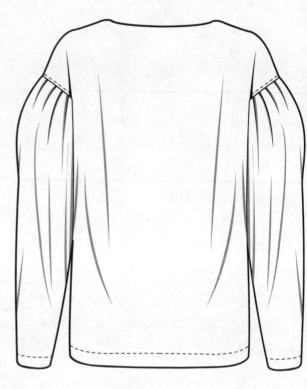

印花羊腿袖衬衫

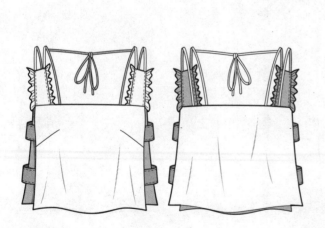

镂空式吊带背心

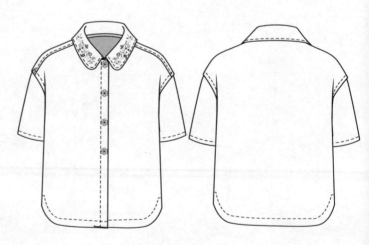

落肩翻领简约衬衫

圆翻领木耳边装饰长袖衬衫

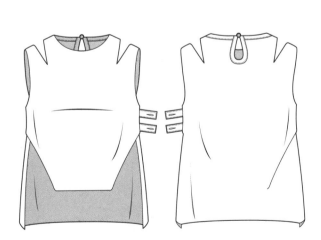

露肩前短后长无袖衬衫

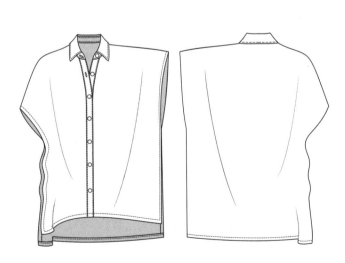

连身袖侧缝开衩衬衫

圆领飞袖斜双门襟衬衫

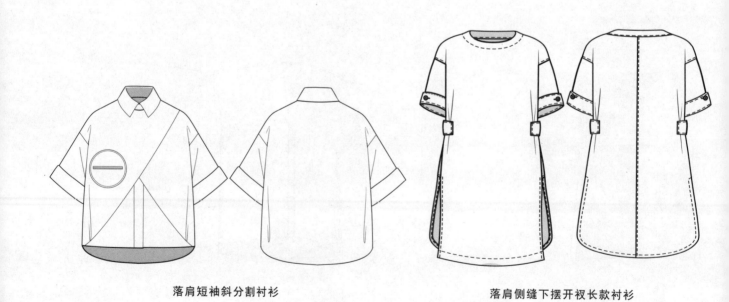

落肩短袖斜分割衬衫   落肩侧缝下摆开衩长款衬衫

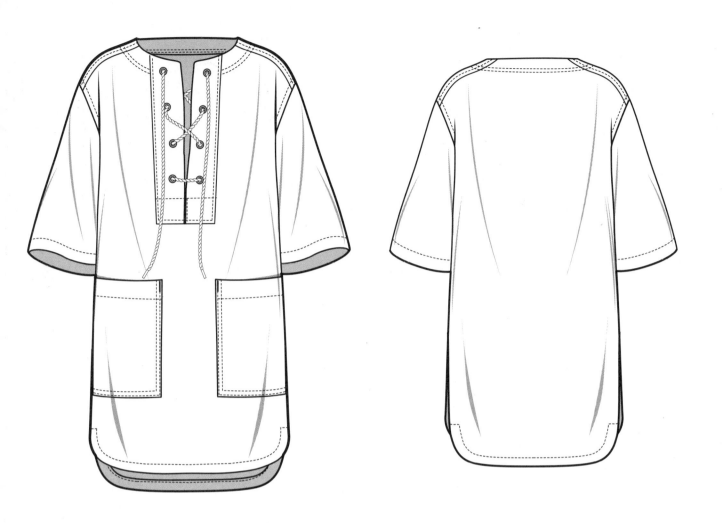

圆领系带中袖直筒型长衬衫

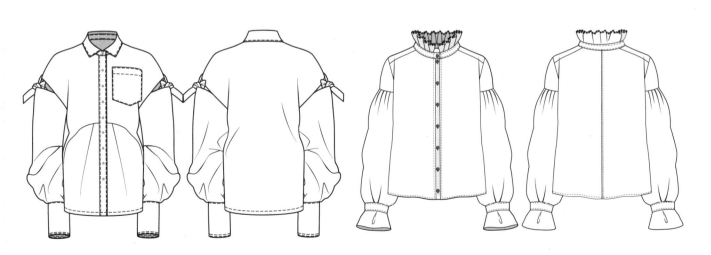

落肩翻领袖笼开口系结装饰衬衫   木耳边立领灯笼袖衬衫

圆领前短后长休闲衬衫

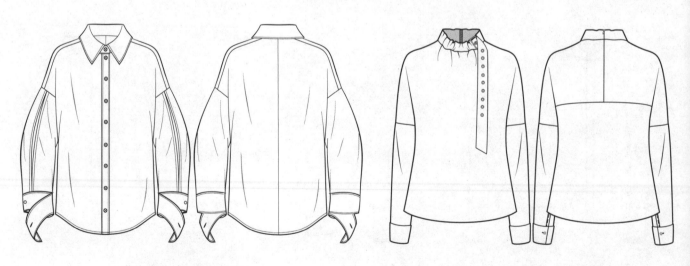

落肩夸张袖口翻领衬衫

落肩领口皮带装饰抽褶衬衫

珠钻装饰高领飘带衬衫

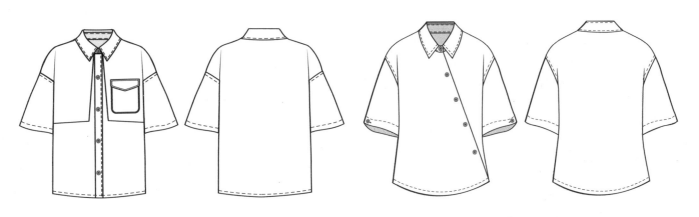

落肩中袖口袋不对称衬衫

落肩中袖斜门襟衬衫

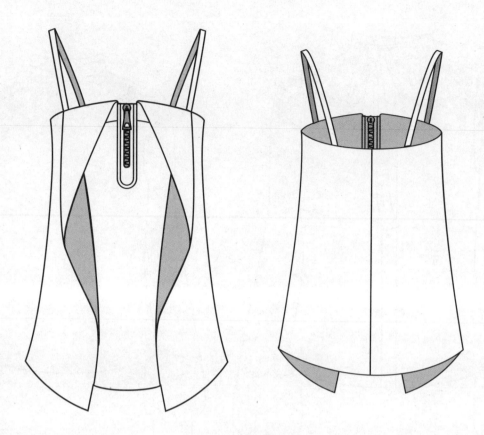

无袖分割背心

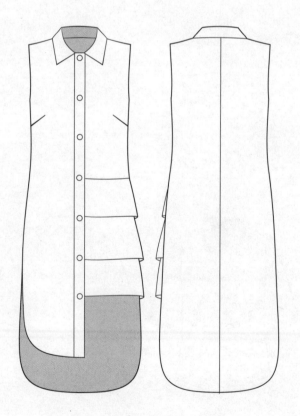

无袖多层次横向分割不对称衣摆衬衫

无袖褶裥翻领衬衫

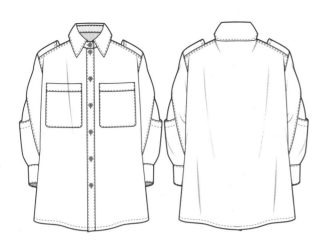

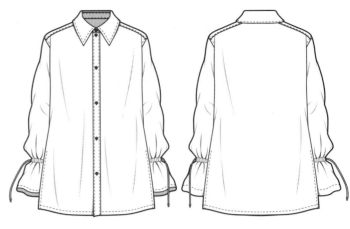

袖分割翻领双口袋衬衫　　　　　　　　　　　　　　袖口抽褶翻领衬衫

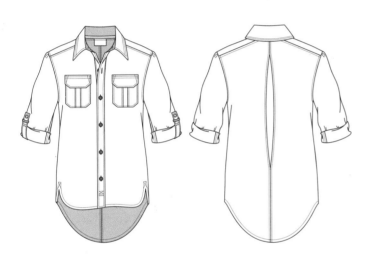

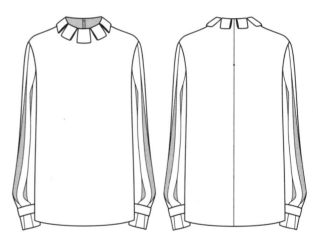

胸前口袋装饰圆摆尖翻领衬衫　　　　　　　　　　　纵向分割袖变化领直筒衬衫

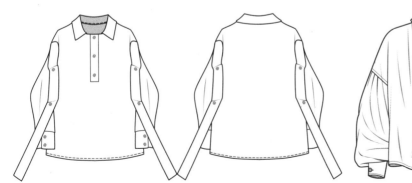

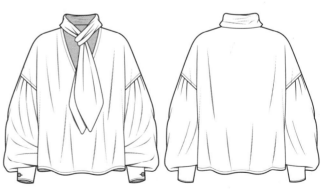

组合袖装饰带翻领套头衬衫　　　　　　　　　　　胸前飘带V领落肩灯笼袖罩衫

圆领露背前短后长袖口卷边罩衫　　　　　　圆领中袖宽松罩衫

一字肩喇叭袖长袖短衬衫　　　　　　衣身荷叶边无领短衬衫

衣身荷叶边翻领衬衫　　　　　　一字领短袖衬衫

长袖分割拼接衬衫　　　　　　　　　褶裥上衣

装饰门襟夸张袖口衬衫　　　　　　　褶皱泡泡袖衬衫

褶裥灯笼袖衬衫　　　　　　　　　　褶裥高领衬衫

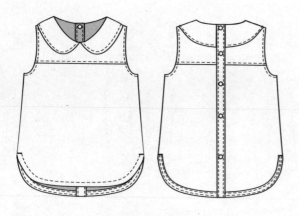

无袖娃娃领纽扣衬衫

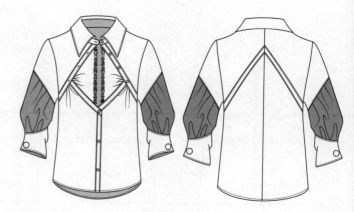

中长袖透明衬衫

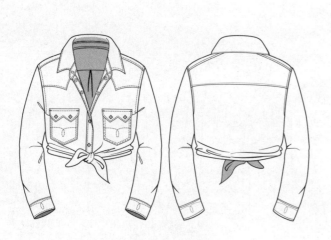

胸部双口袋腰部扎系衬衫

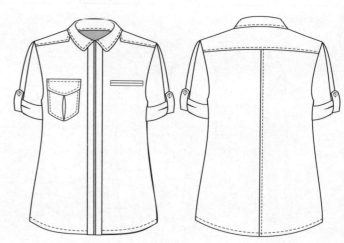

装饰口袋衬衫

胸口口袋装饰衬衫

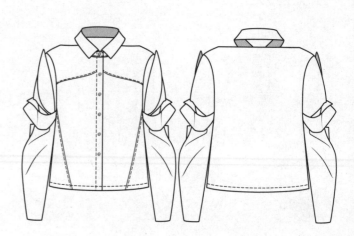

组合立体造型袖衬衫

第四章

款式图设计
（O型）

插肩袖背部拉链装饰流苏罩衫

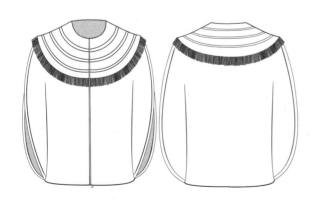

流苏装饰衬衫

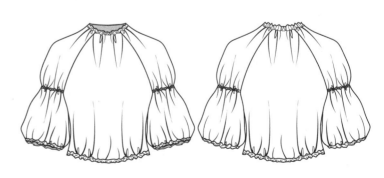

插肩袖抽褶领短衬衫

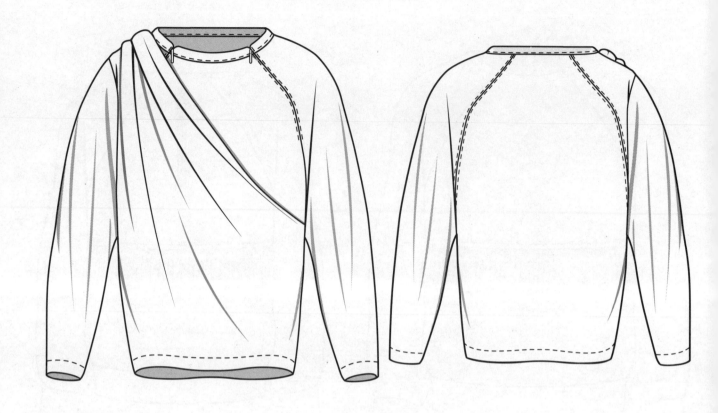

插肩披挂式套头衫

插肩袖球形短袖衬衫　　　　　　　　　　抽褶立领短款夹克衬衫

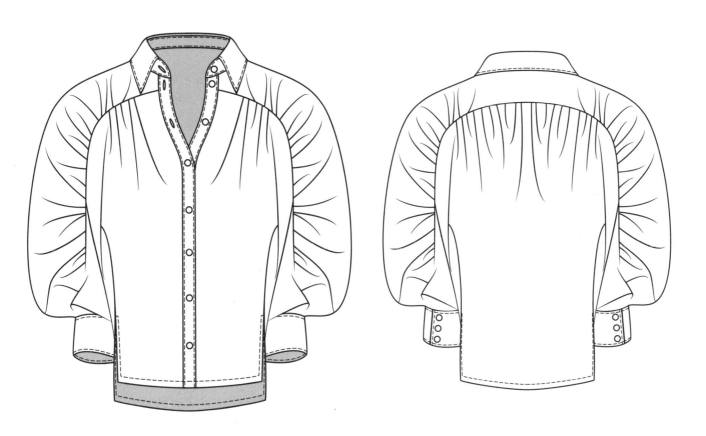

插肩组合袖翻领衬衫

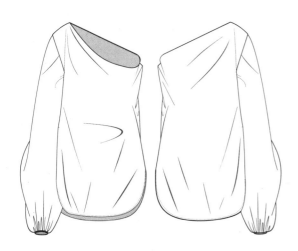

单袖泡泡袖中长款衬衫

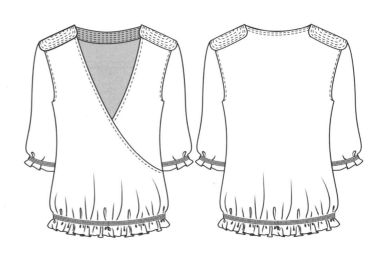

灯笼袖V领带肩饰褶裥衬衫

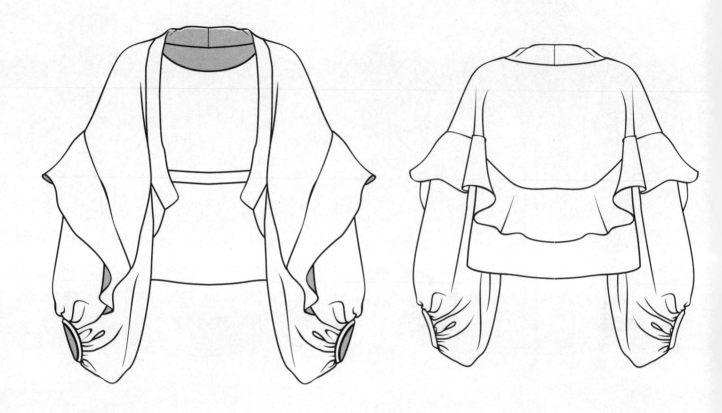

灯笼袖荷叶边装饰衬衫

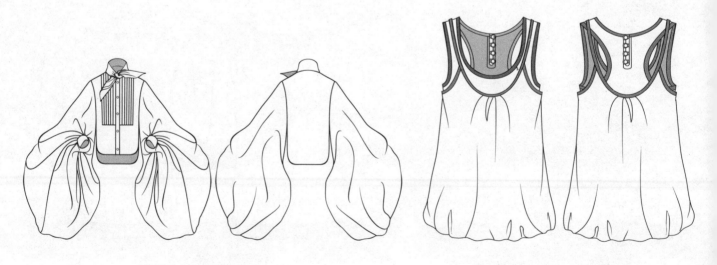

灯笼袖打结立领前短后长衬衫　　　　　　　假两件后背带纽扣装饰宽松背心

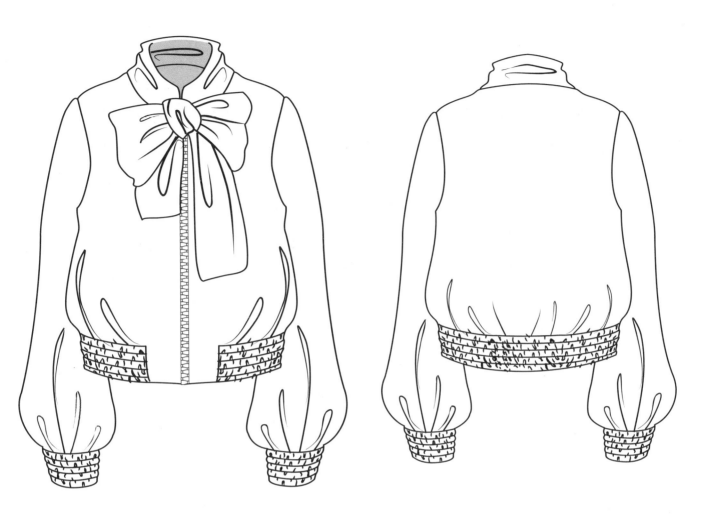

灯笼袖蝴蝶结领棒球服款衬衫

灯笼袖蝴蝶结立领衬衫

灯笼袖花边立领宽带束腰衬衫

灯笼袖肩部装饰立领衬衫

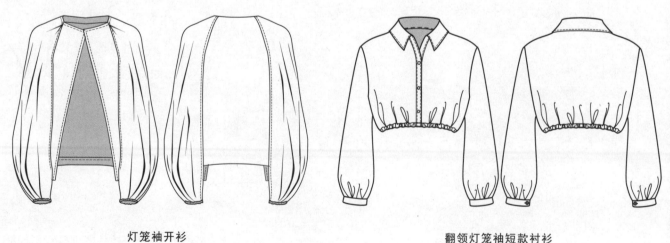

灯笼袖开衫

翻领灯笼袖短款衬衫

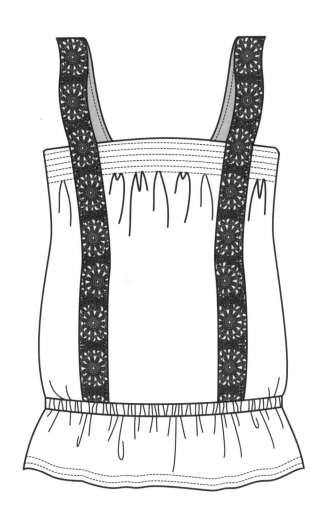
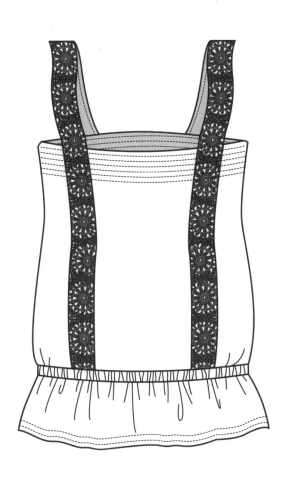

吊带坠花臀部抽紧上衣

拉链装饰圆领短袖上衣　　　　　　　　　　翻领公主线分割短衬衫

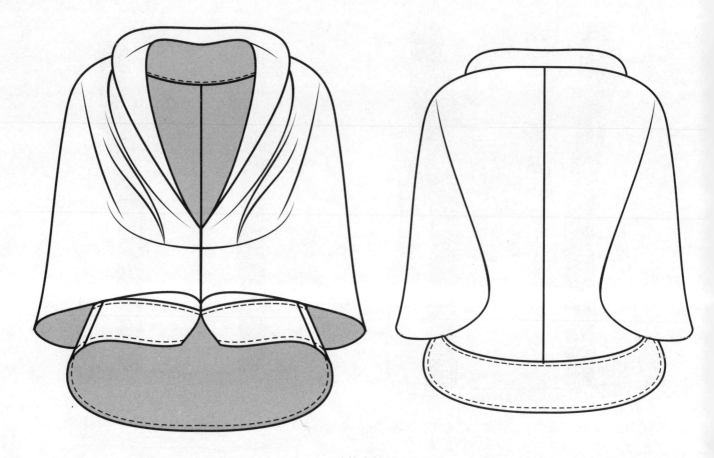

斗篷式衬衫

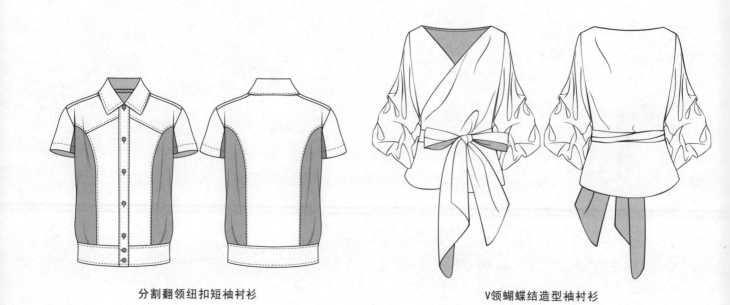

分割翻领纽扣短袖衬衫

V领蝴蝶结造型袖衬衫

圆领珠钻装饰O型罩衫

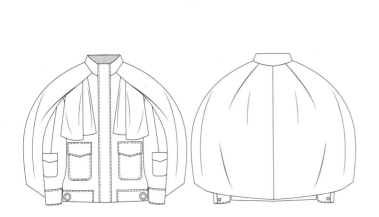

假披风立领大廓形衬衫

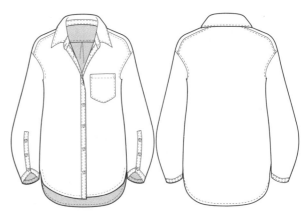

尖翻领圆摆立体袖衬衫

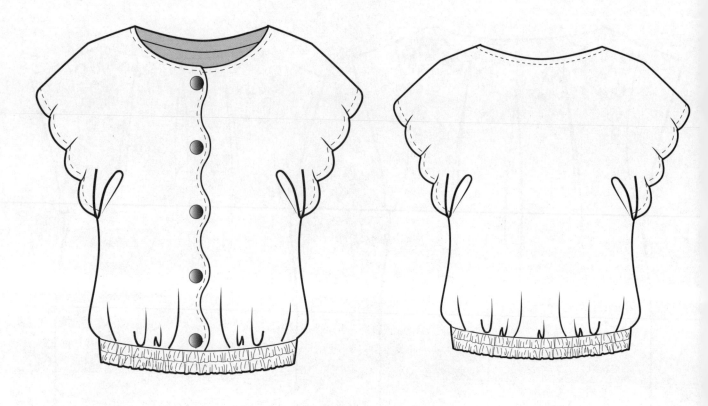

花瓣边缘圆领衬衫

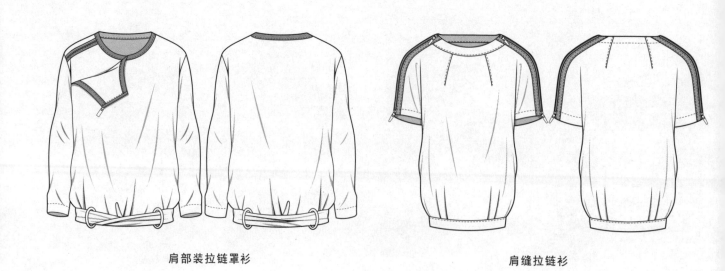

肩部装拉链罩衫

肩缝拉链衫

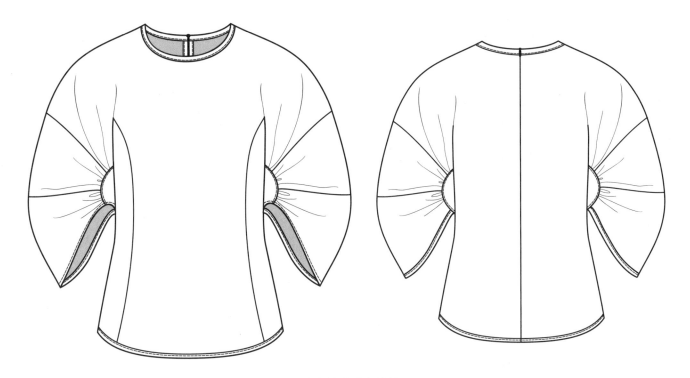

连衣袖造型女衬衫

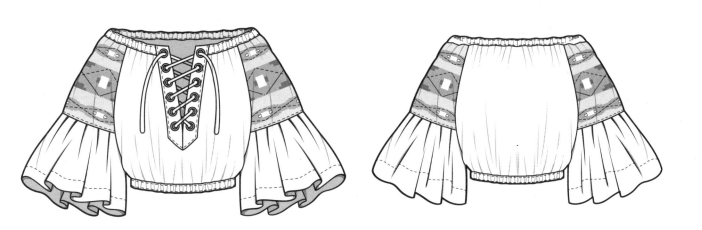

荷叶边袖口一字领绑带上衣

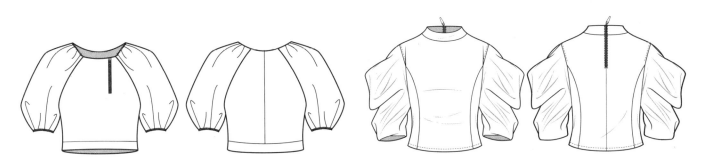

夸张灯笼袖拉链装饰短衬衫　　　　　　夸张袖背部拉链装饰修身上衣

交襟下摆系带衬衫

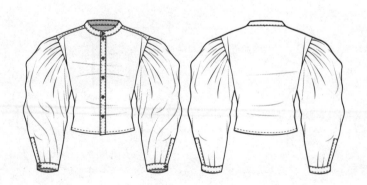

夸张袖修身上衣

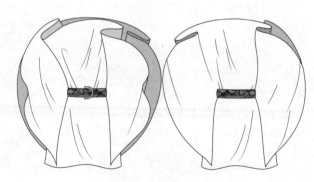

夸张腰部腰带装饰衬衫

花纹套头上衣

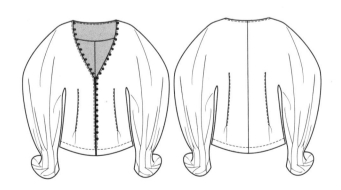

宽松大袖子衬衫

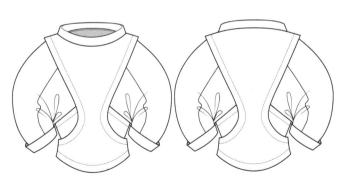

立领多分割罩衫

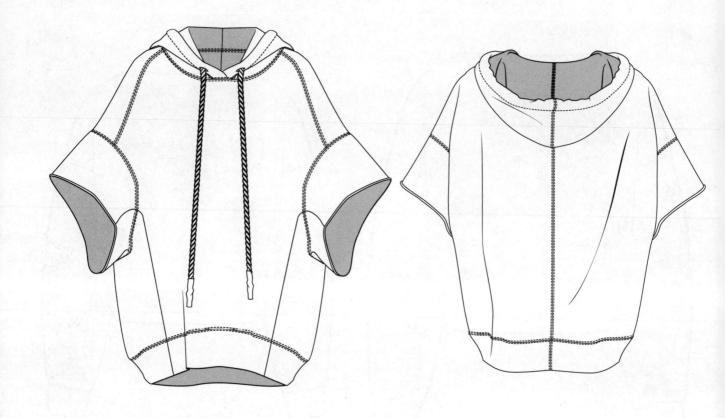

落肩带绳帽宽卫衣

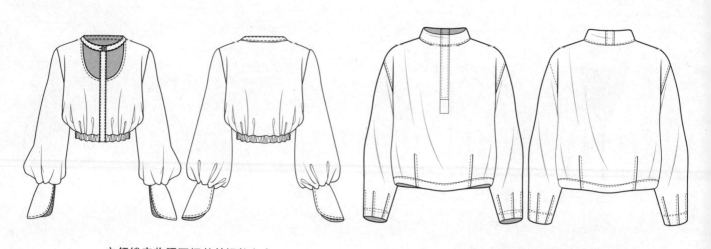

立领镂空收腰下摆长袖短款上衣

立领落肩半门襟袖口下摆收省衬衫

落肩灯笼袖前短后长花边宽松上衣

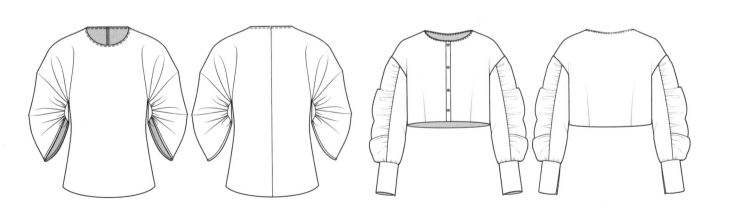

连衣袖宽袖修身后背拼接衬衫

落肩特色袖无领短衫

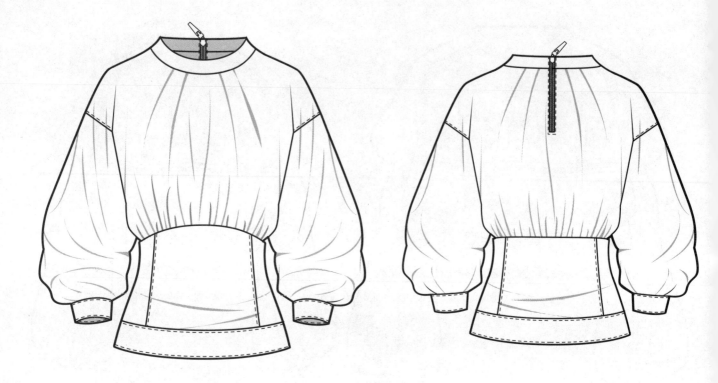

落肩灯笼袖上松下紧上衣

落肩腰部扎系休闲衬衫

木耳边领纽扣装饰衬衫

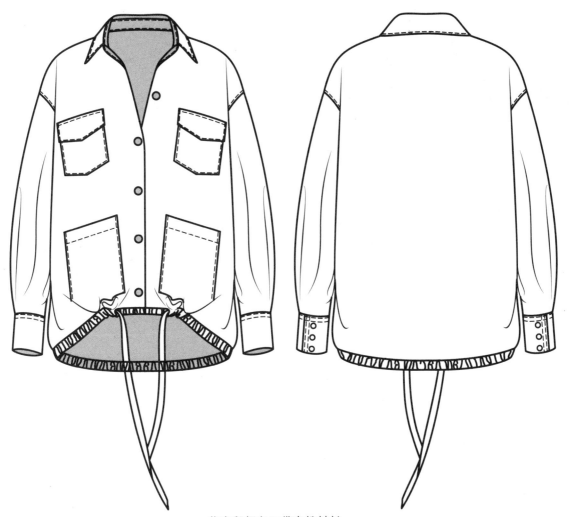

落肩翻领多口袋宽松衬衫

木耳边收下摆短袖抽褶衬衫

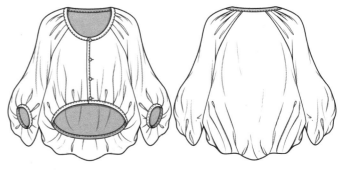

泡泡式上衣

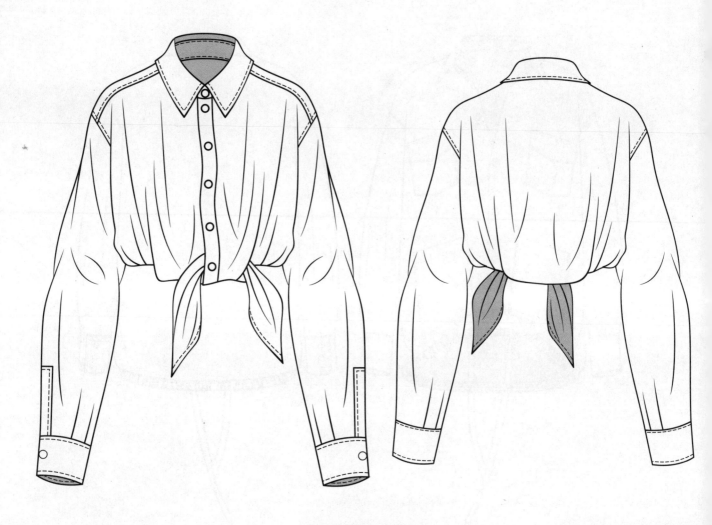

落肩翻领腰部系结衬衫

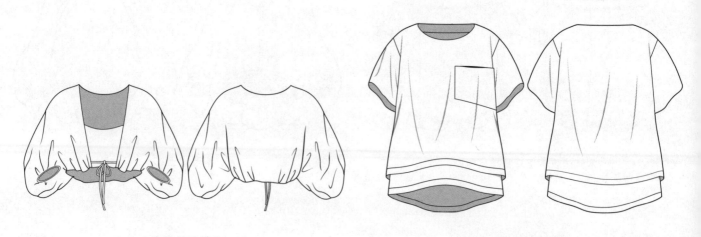

泡泡袖肚脐装

双层衣摆假两件汗衫

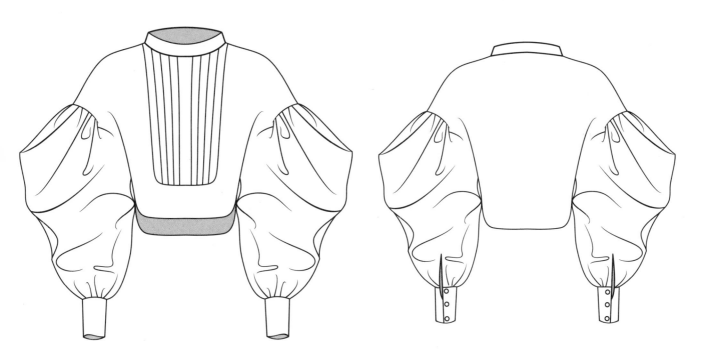

落肩泡泡袖立领前短后长衬衫

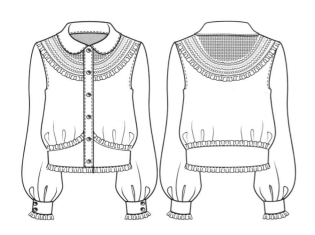

小圆翻领木耳边装饰夹克型衬衫

胸前塔克褶罩衫

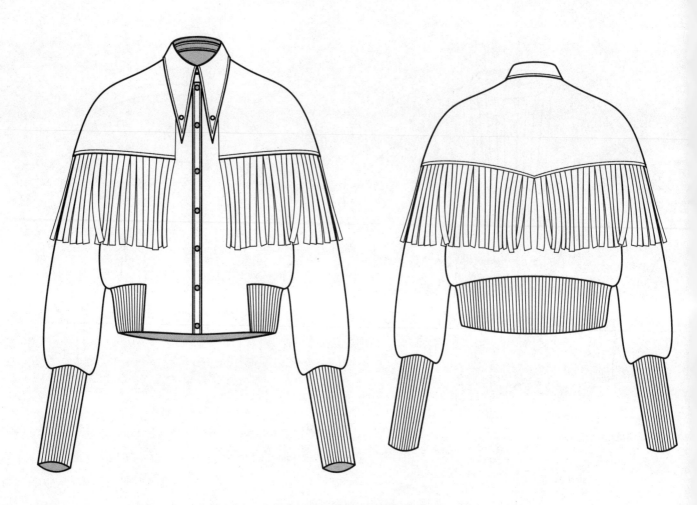

落肩长袖口翻领流苏松紧外套

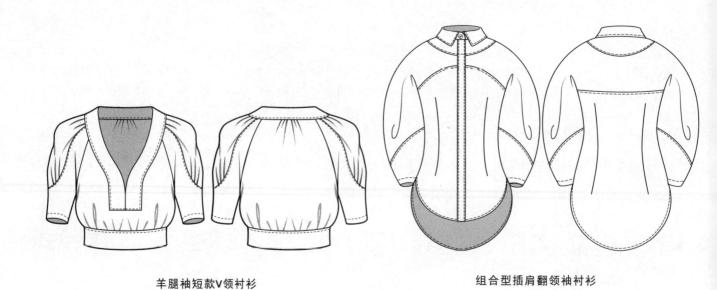

羊腿袖短款V领衬衫　　　　　　　　组合型插肩翻领袖衬衫

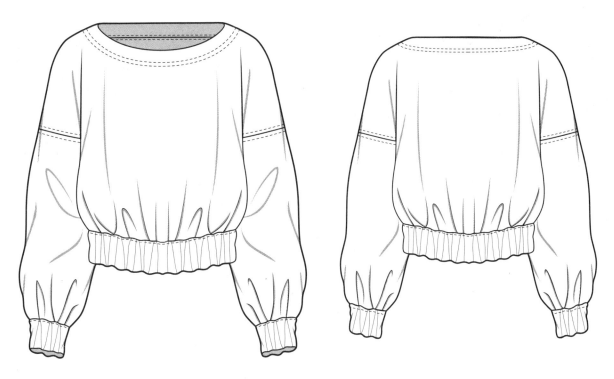

落肩松紧带套头衫

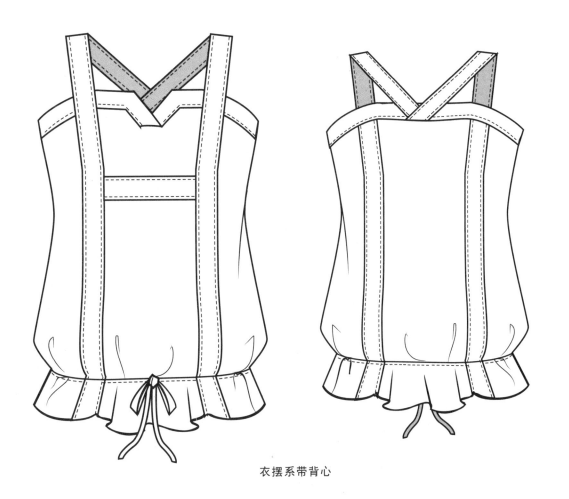

衣摆系带背心

胸口袖口绣花装饰圆领罩衫

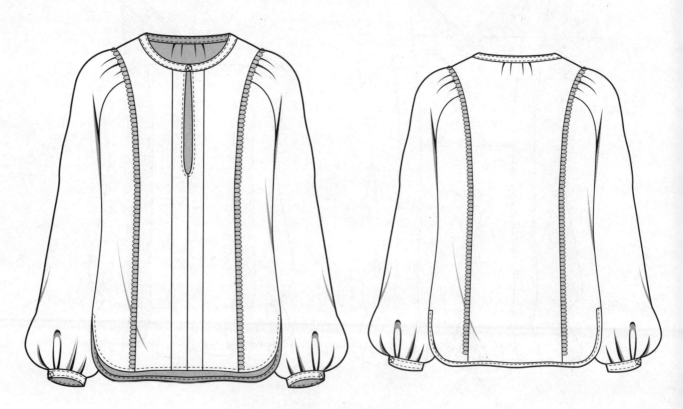

圆领插肩灯笼袖水滴镂空装饰线衬衫

第五章

款式图设计
（S型）

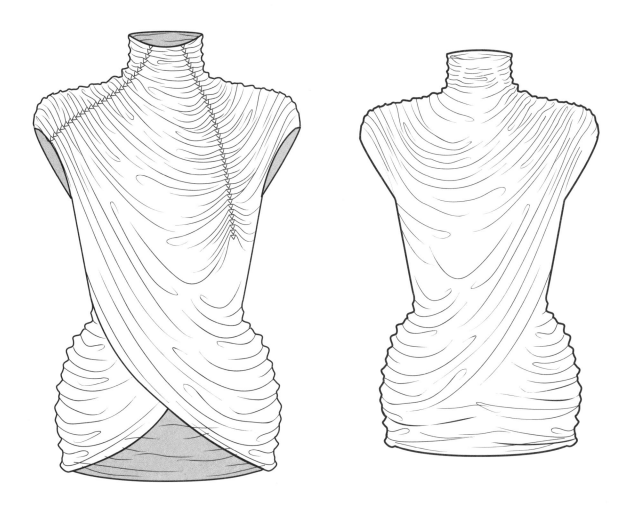

抽褶高领罩衫

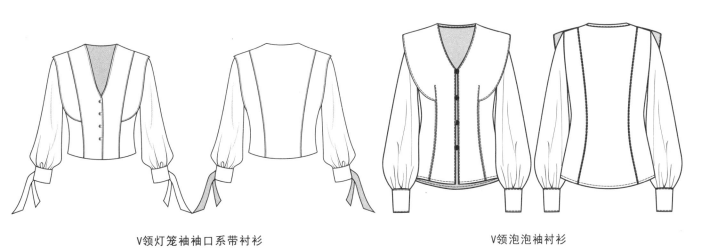

V领灯笼袖袖口系带衬衫

V领泡泡袖衬衫

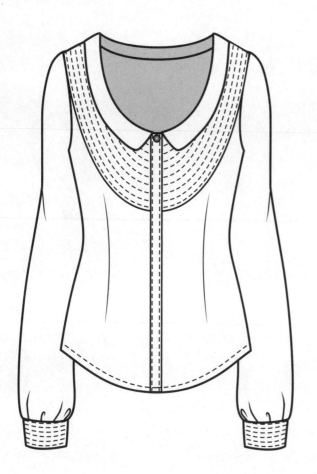
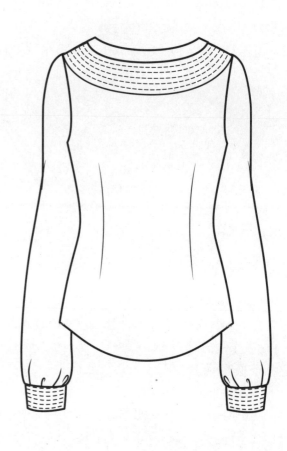

大翻领合体长袖衬衫

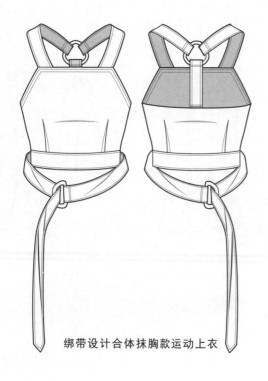

绑带设计合体抹胸款运动上衣

包边压线弧形分割背心上衣

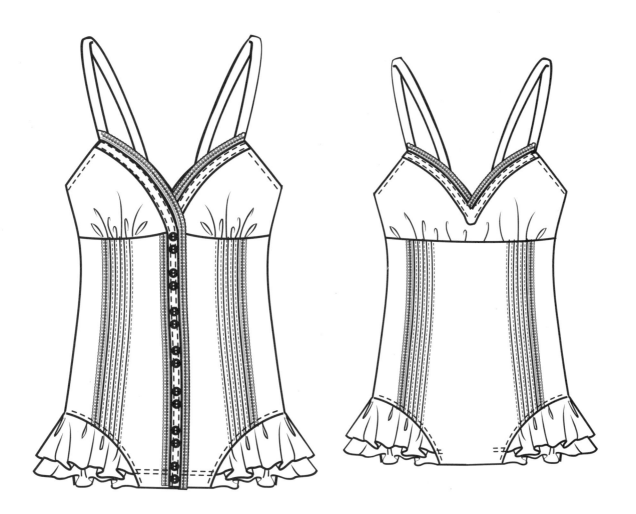

吊带合体花边装饰背心

背心式肩带分割抽褶紧身上衣

背心式两件套长款衬衫

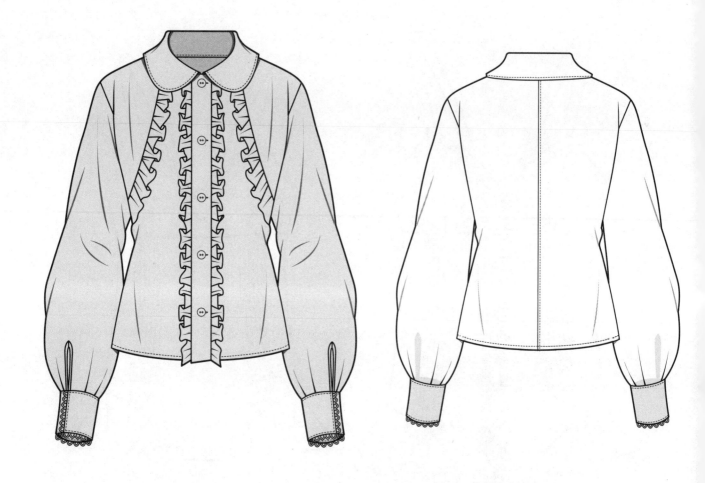

翻领灯笼袖褶裥装饰衬衫

变化立领长袖衬衫

波浪领分割袖衬衫

翻领绣花装饰衬衫

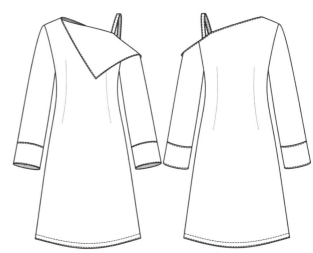

不对称领夸张袖克夫合体衬衫

不对称领七分袖长款衬衫

高领印花长袖上衣

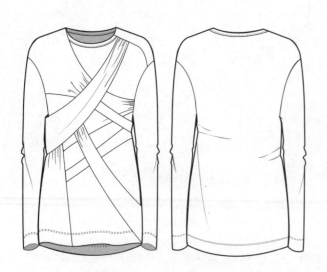

圆领落肩衣身多分割衬衫

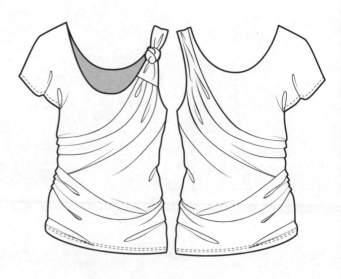

不对称褶皱上衣

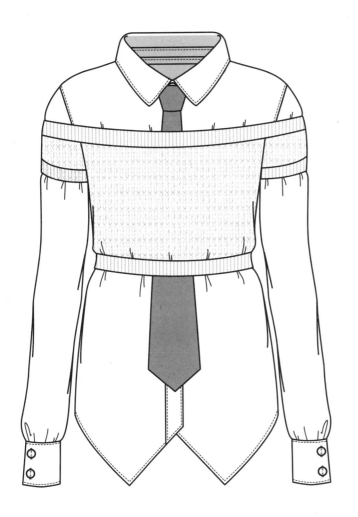

假两件帅气衬衫

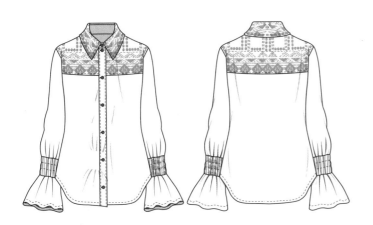

翻领喇叭袖口衬衫

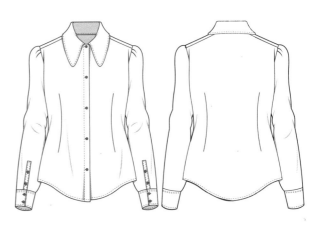

翻领腰部收省衬衫

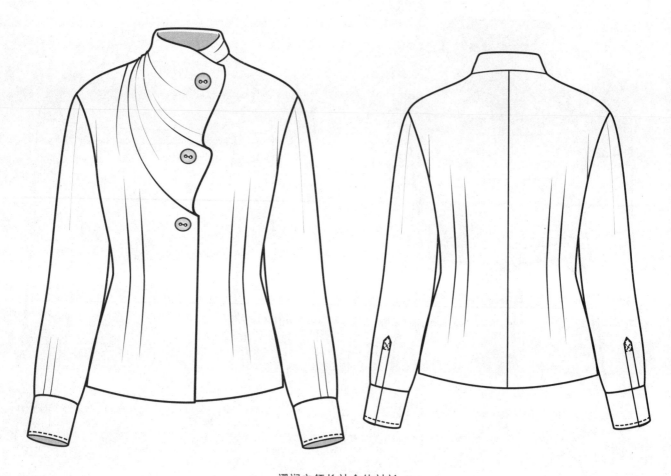

褶裥立领长袖合体衬衫

折叠领镂空袖衬衫

袖前开衩简约衬衫

尖翻领连身袋盖落肩长袖衬衫

翻领郁金香袖合体衬衫

翻折领立体胯长袖衬衫

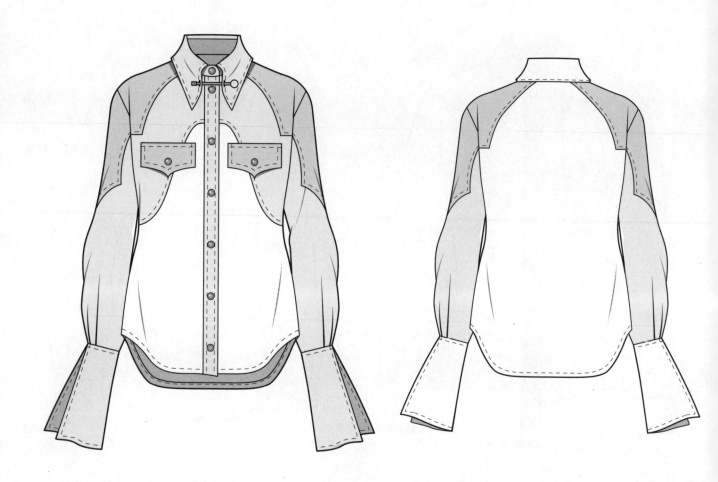

尖翻领衣身曲线分割长袖衬衫

翻转领胸部翻转褶衬衫

分割压线水滴打结式背心上衣

开门襟褶裥上衣

长灯笼袖胸部抽褶衬衫

长袖胸部抽褶翻领衬衫

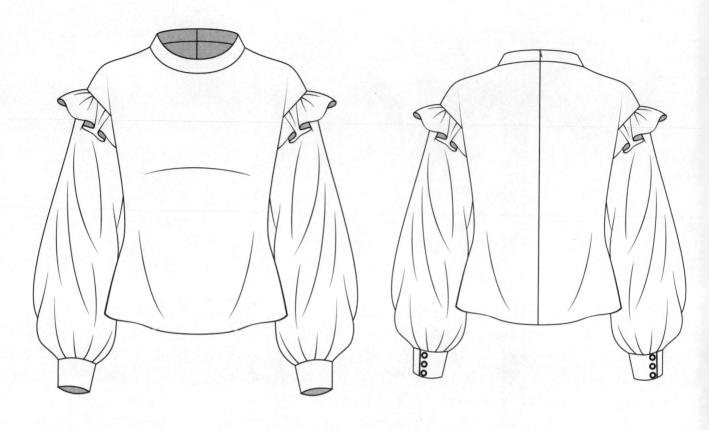

立领灯笼袖背部拉链衬衫

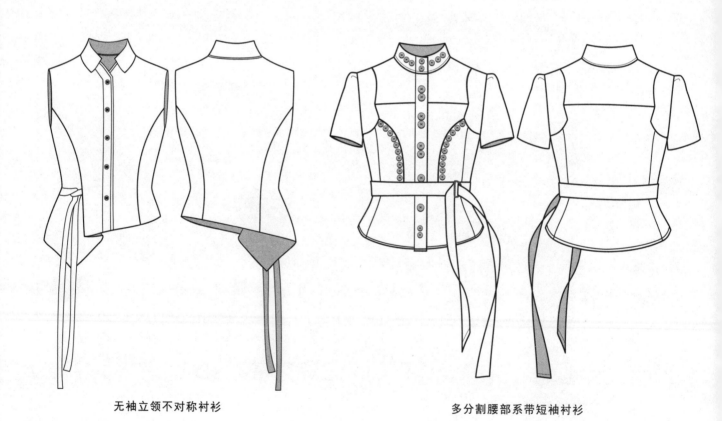

无袖立领不对称衬衫

多分割腰部系带短袖衬衫

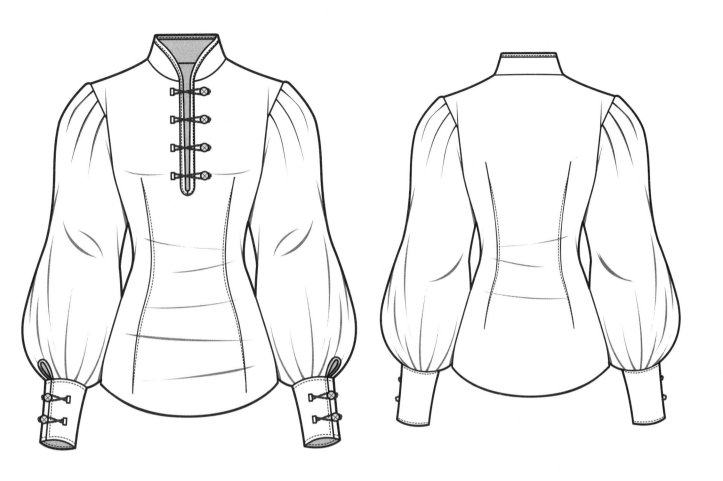

立领对襟合体中式衬衫

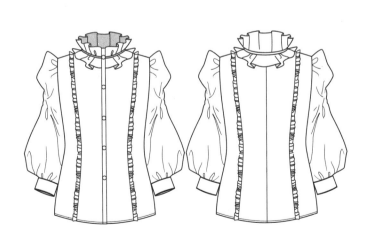

花边领口泡泡袖衬衫

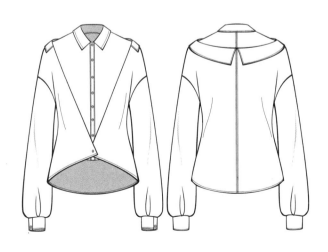

假两件翻领修身衬衫

立领胸前木耳边装饰衬衫

尖翻领半袖合体衬衫　　　　　　　　　　尖翻领短袖合体衬衫

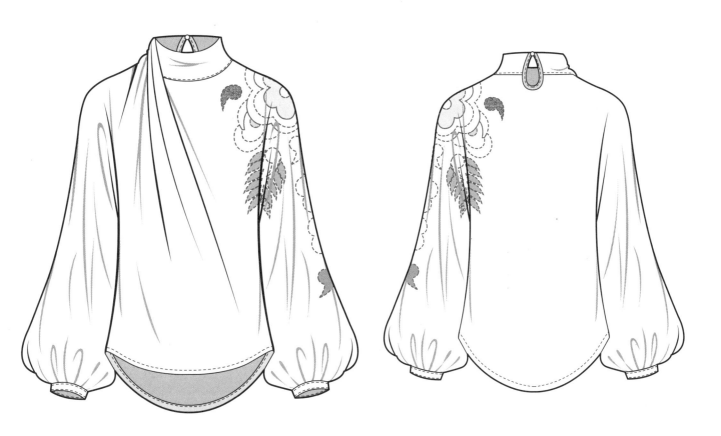

立领印花泡泡袖衬衫

尖翻领分割贴袋衬衫

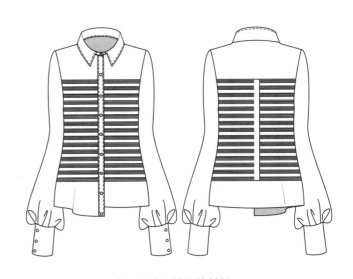

尖翻领横向褶长袖衬衫

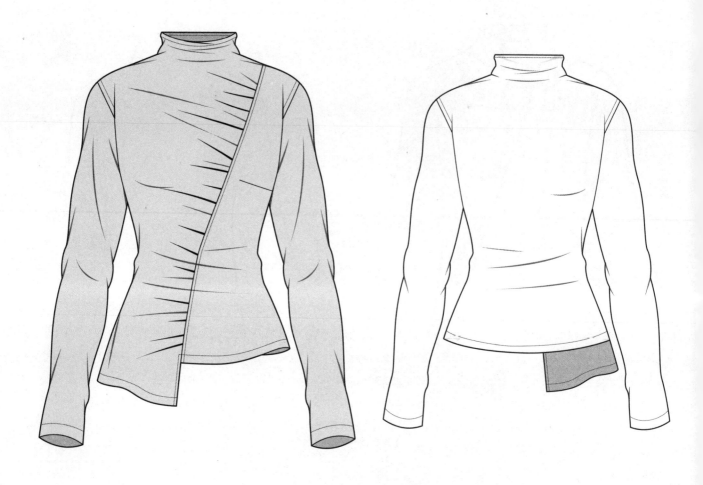

连身立领斜向分割抽褶罩衫

尖翻领胸部双口袋经典款衬衫　　　　尖翻领泡泡袖中长套头衬衫

连体飘带灯笼袖衬衫

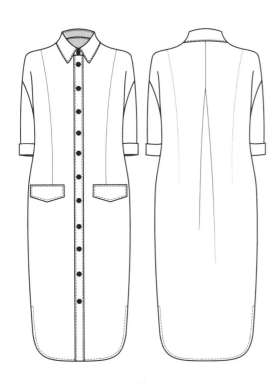

尖翻领七分袖圆摆长款衬衫

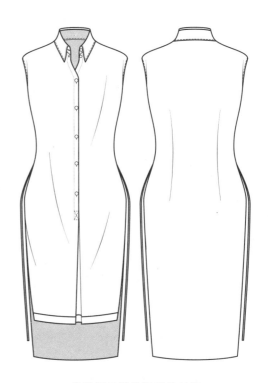

尖翻领无袖前短后长衬衫

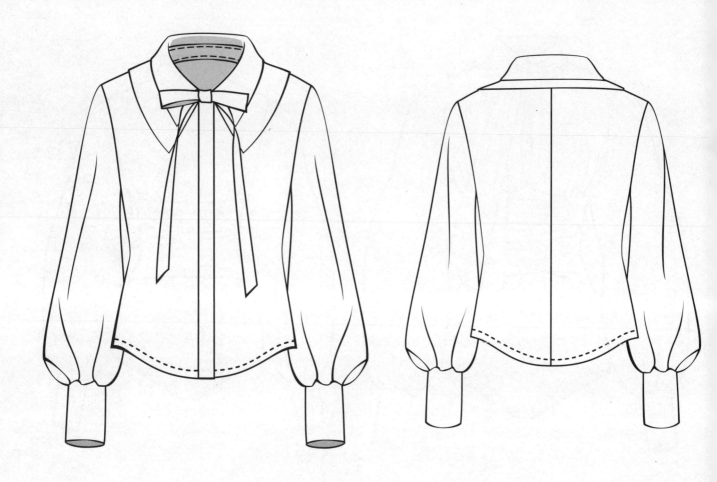

领结泡泡袖衬衫

立领收腰中长款衬衫

尖翻领长款衬衫

领口袖口抽褶刀背分割衬衫

肩部分割衬衫   简约抽褶衬衫

领口袖口铆钉装饰修身衬衫

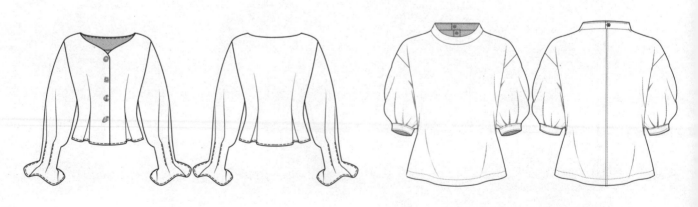

喇叭袖口短款衬衫

立领落肩五分灯笼袖套头衬衫

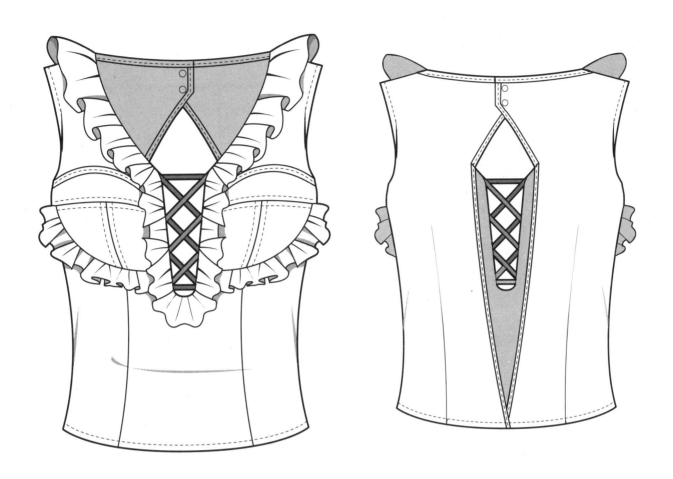

木耳边装饰胸前系带紧身上衣

立领连衣袖半门襟曲线分割上衣

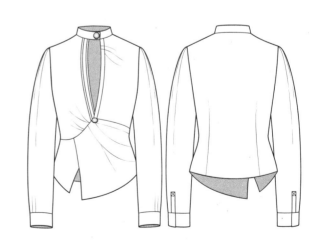

立领胸部镂空长袖衬衫

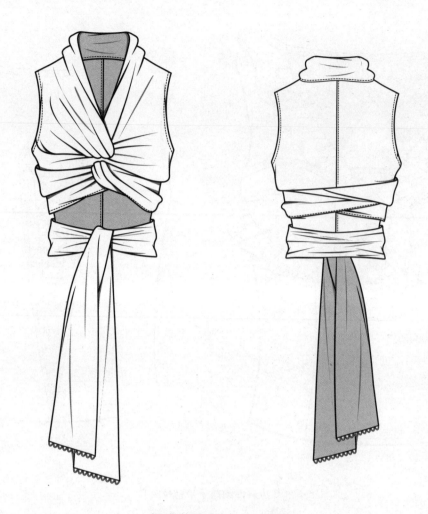

深V领扎系缠绕无袖短款衬衫

立领中袖衬衫

领口褶裥装饰衬衫

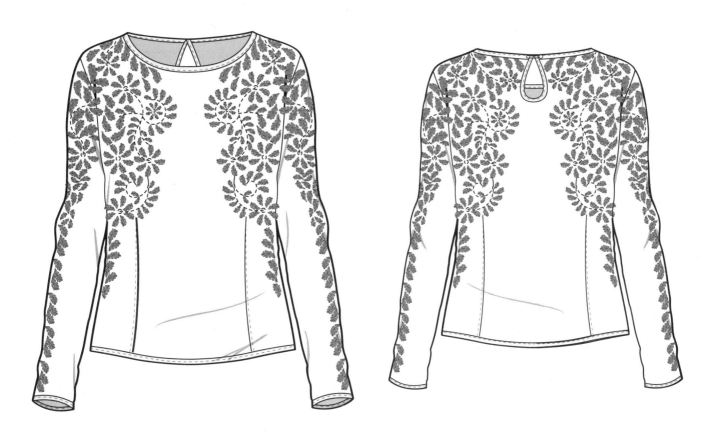

绣花修身上衣

两用衫领长袖克夫衬衫

领口系带合体衬衫

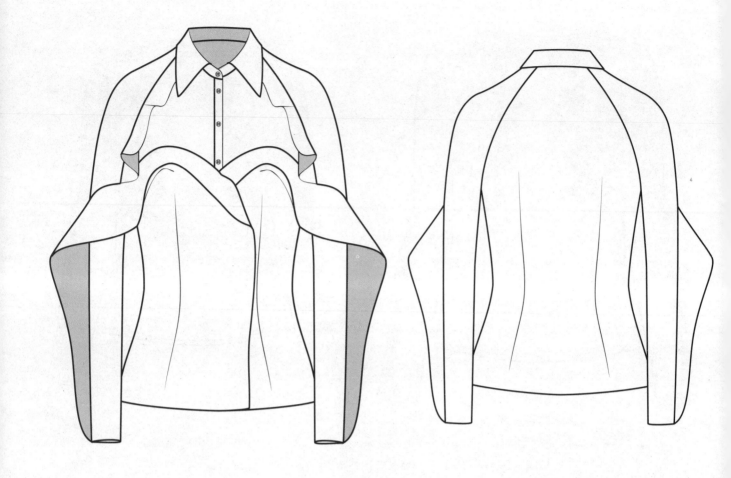

袖部造型衬衫

领口花边装饰灯笼袖衬衫

领口木耳边装饰衬衫

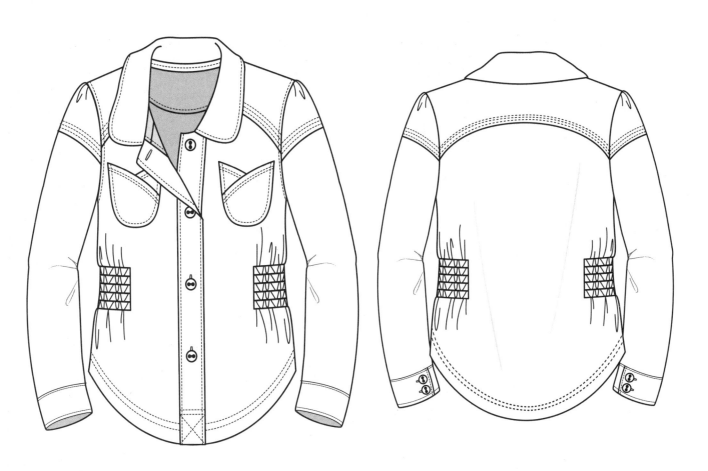

郁金香口袋七分袖衬衫

圆领分割压线短袖上衣

圆翻领胸部分割抽褶短袖衬衫

腰部缠绕系带合体汗衫

门襟木耳边装饰衬衫

门襟褶裥衬衫

腰部褶皱系带短款衬衫

褶皱泡泡短袖衬衫

尖翻领泡泡袖衬衫

腰胯部扎系紧身长袖套头衫

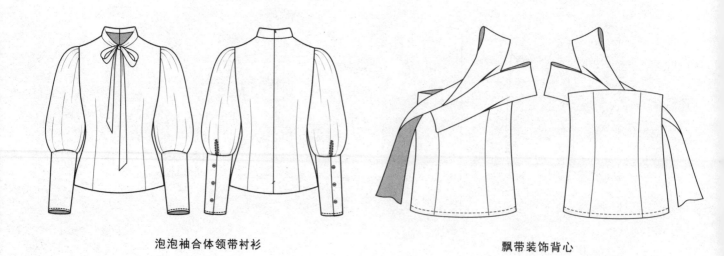

泡泡袖合体领带衬衫   飘带装饰背心

圆领分割压线珠钻短袖上衣

曲线分割喇叭袖口衬衫　　　　　　　　深V领短袖衬衫

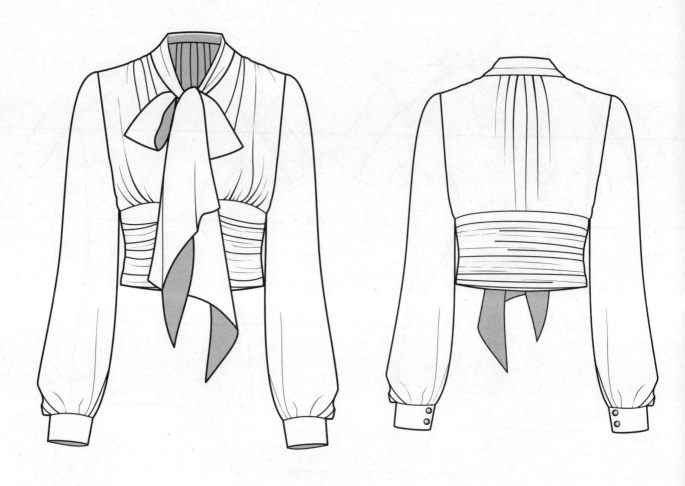

长袖领口丝带装饰衬衫

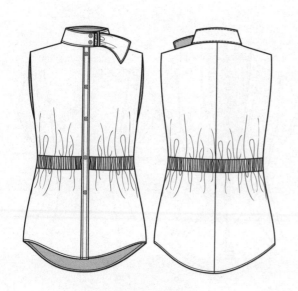

收腰背心式衬衫

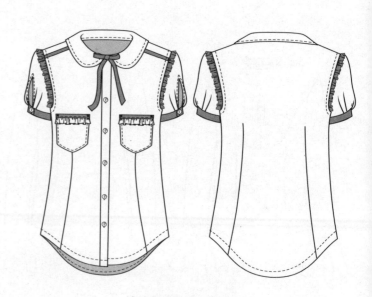

娃娃领胸部双口袋衬衫

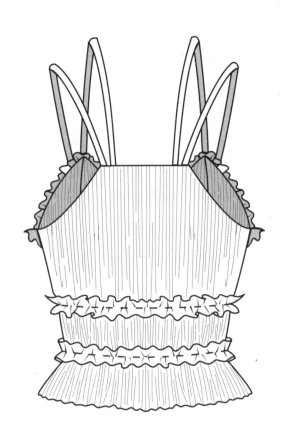

褶皱花边双带小背心

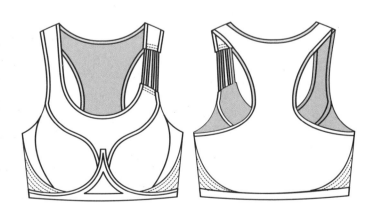

分割压线收褶上装

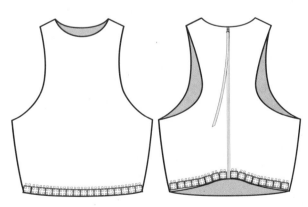

无袖短款简洁上衣

缀饰衬衫

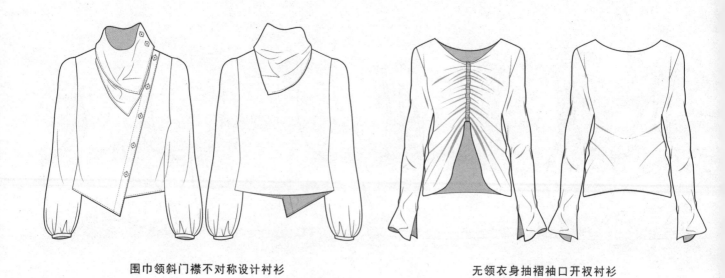

围巾领斜门襟不对称设计衬衫　　　　　　　　无领衣身抽褶袖口开衩衬衫

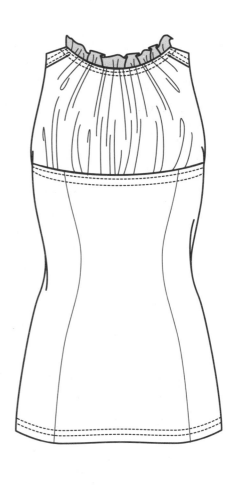

木耳边领无袖衬衫

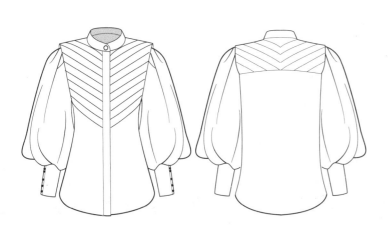

灯笼袖立领衬衫

小立领胸下分割短袖衬衫

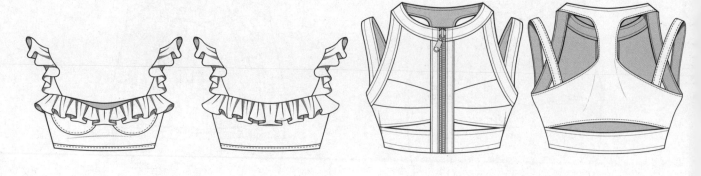

荷叶边背心　　　　　　　　　　　双肩带多分割运动上衣

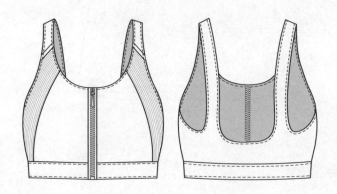

压线拉链短款背心运动胸衣

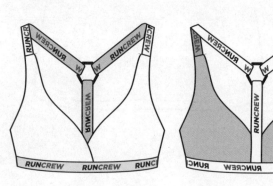

运动式字母装饰上衣

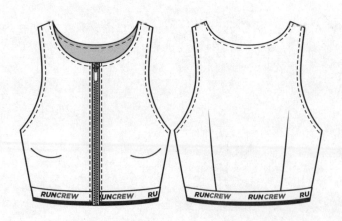

拉链压线字母装饰上衣

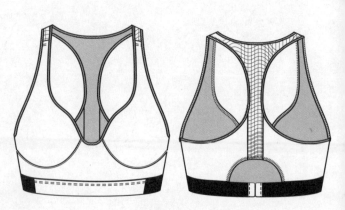

运动上衣

第六章

款式图设计
（T型）

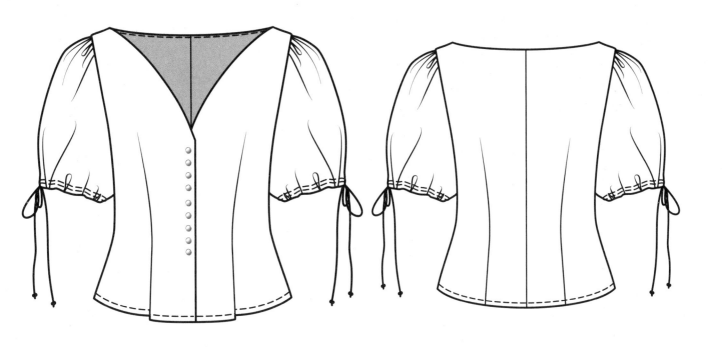

V领短袖袖口系带衬衫

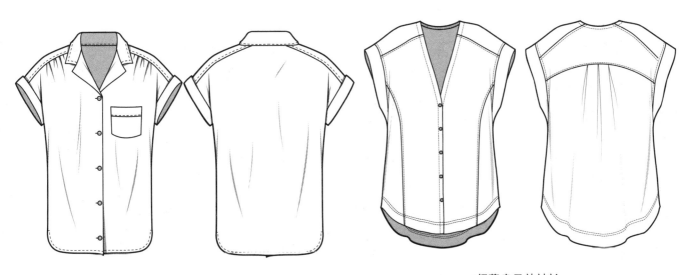

半袖肩部抽褶衬衫

V领落肩无袖衬衫

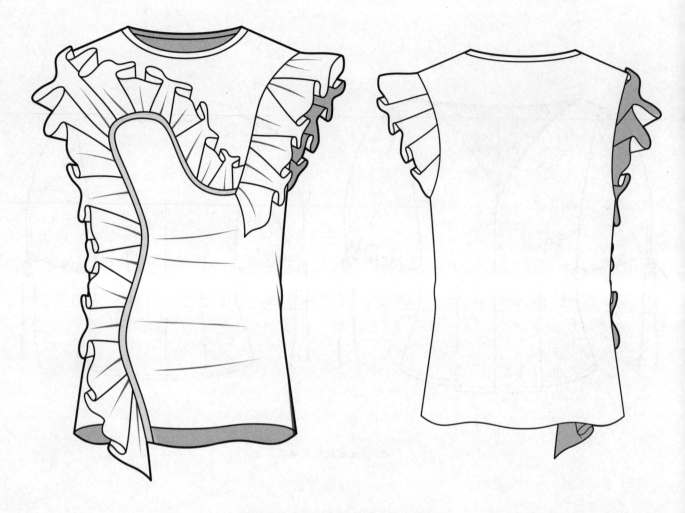

圆领衣身曲线分割荷叶边装饰无袖衬衫

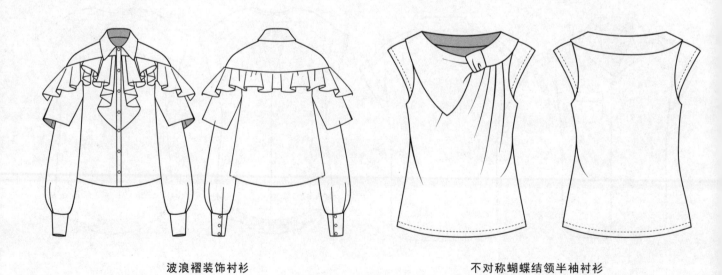

波浪褶装饰衬衫

不对称蝴蝶结领半袖衬衫

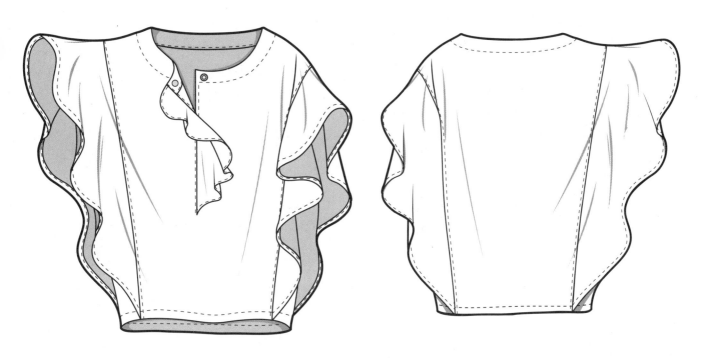

波浪褶半门襟衬衫

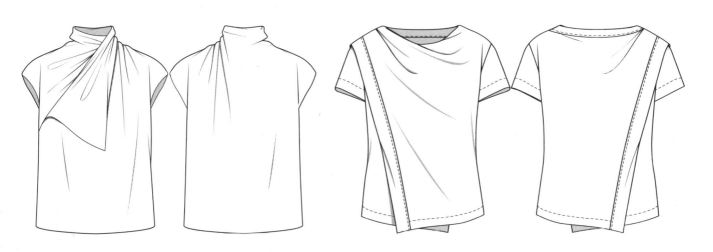

不对称领落肩无袖衬衫

不对称斜领压线短袖上衣

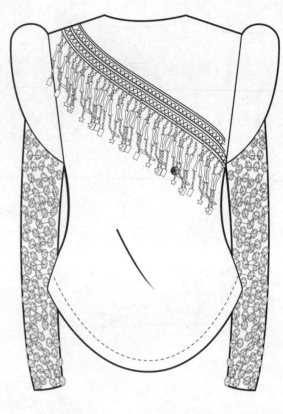

不对称领胸前流苏装饰合体衬衫

插肩波浪袖短装

插肩泡泡袖衬衫

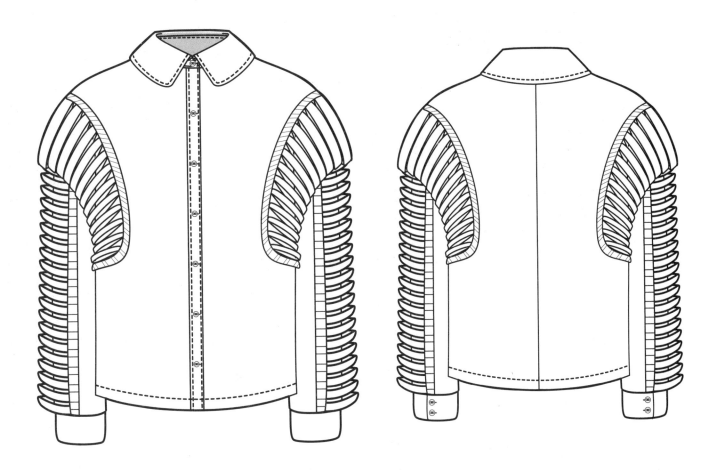

带子排列装饰小方领衬衫

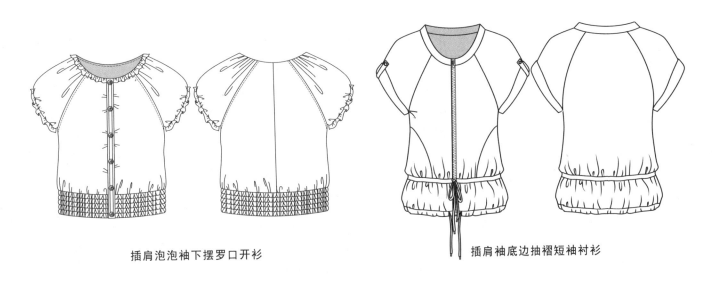

插肩泡泡袖下摆罗口开衫   插肩袖底边抽褶短袖衬衫

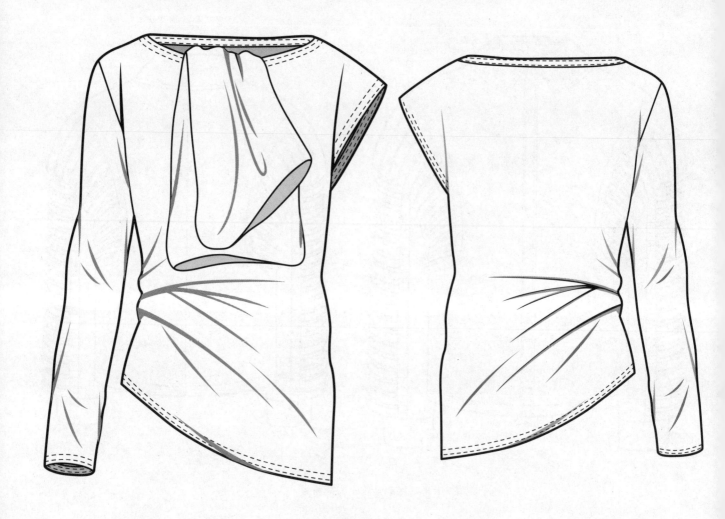

单袖不对称上衣

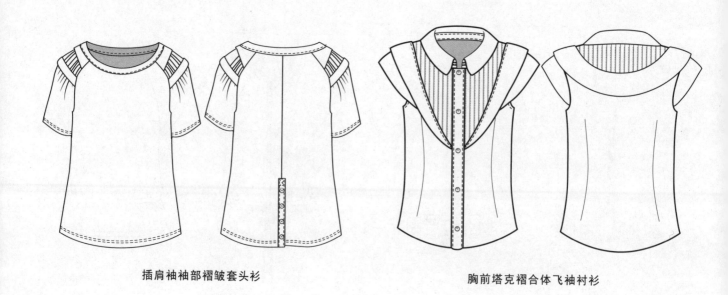

插肩袖袖部褶皱套头衫 胸前塔克褶合体飞袖衬衫

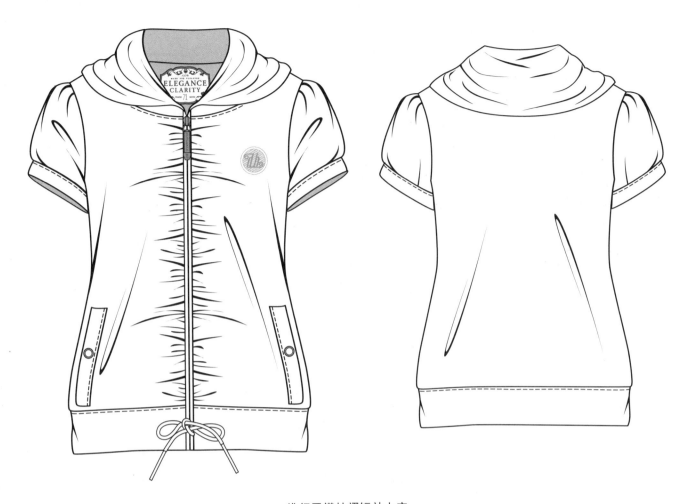

堆领开襟抽褶短袖上衣

大V领落肩灯笼袖短衬衫

大V领腰部扎系衬衫

翻领前衣身蝴蝶结装饰衬衫

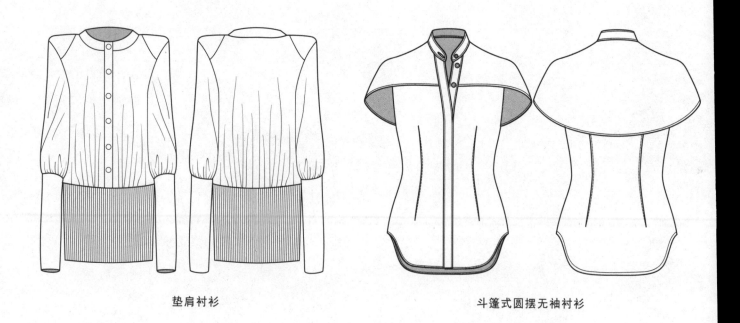

垫肩衬衫　　　　　　　　斗篷式圆摆无袖衬衫

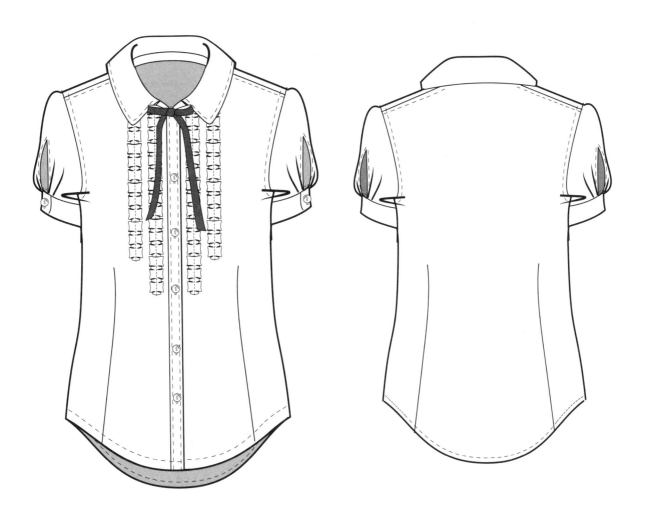

翻领装饰门襟短袖衬衫

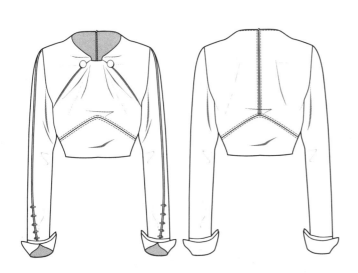

多分割超长袖短款套头衫

翻领单口袋短袖衬衫

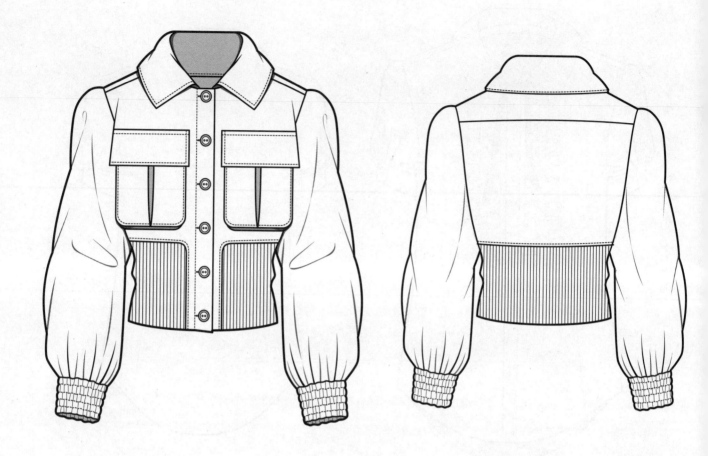

工装夹克型外套式衬衫

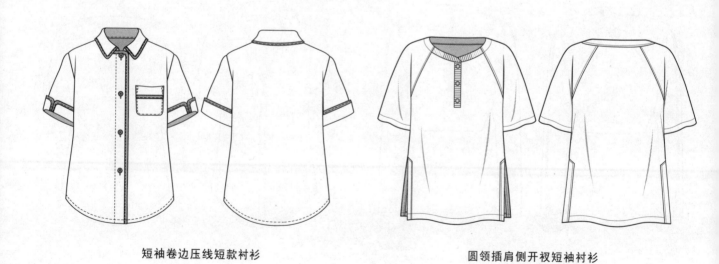

短袖卷边压线短款衬衫　　　　　　　圆领插肩侧开衩短袖衬衫

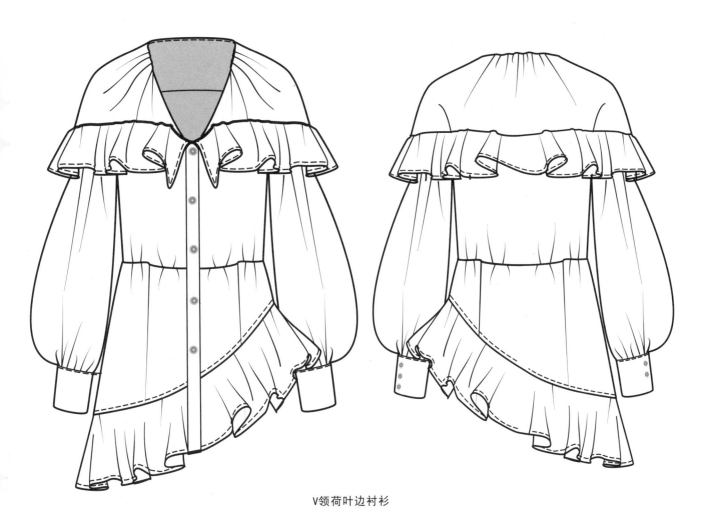

V领荷叶边衬衫

翻领半门襟抽褶花苞短袖上衣　　　　　翻领抽褶短袖不对称衬衫

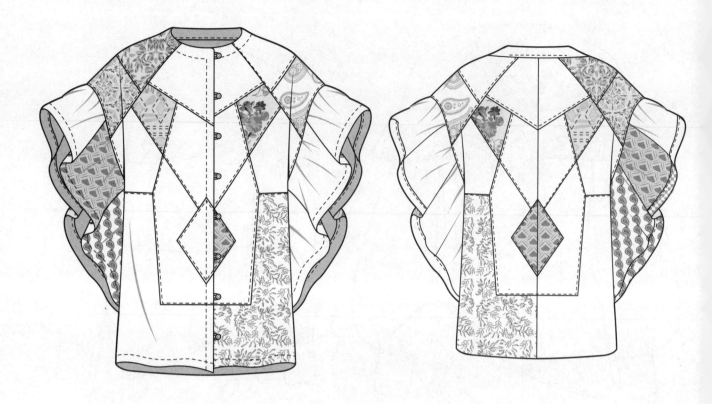

荷叶边蝙蝠袖补丁衬衫

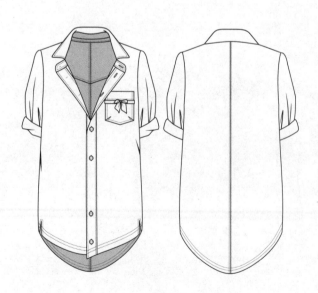

翻领短袖单口袋衬衫

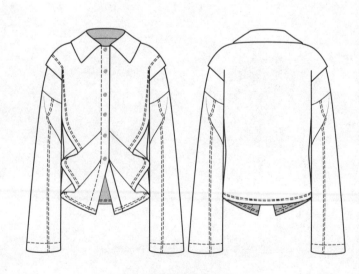

翻领多分割小喇叭袖衬衫

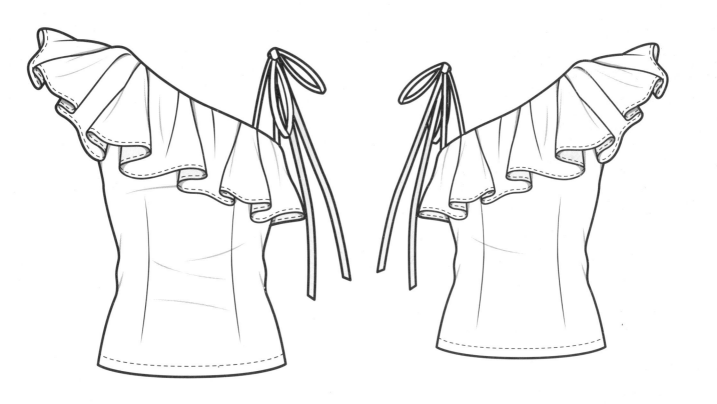

荷叶边不对称上衣

翻领肩部装饰落肩短袖衬衫

翻领落肩短袖公主线半透衬衫

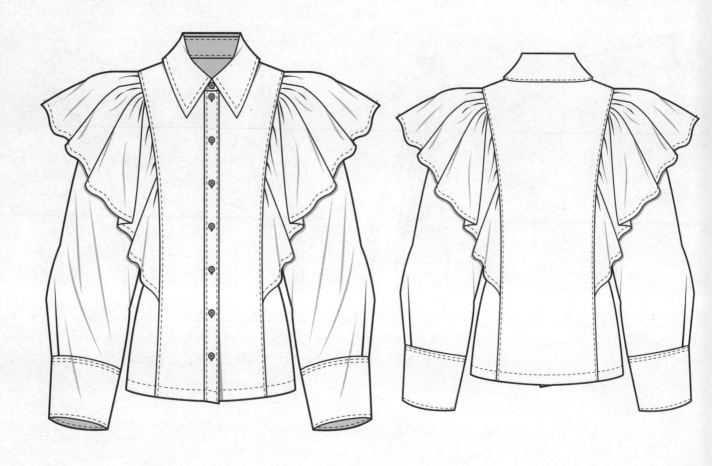

荷叶边插片衬衫

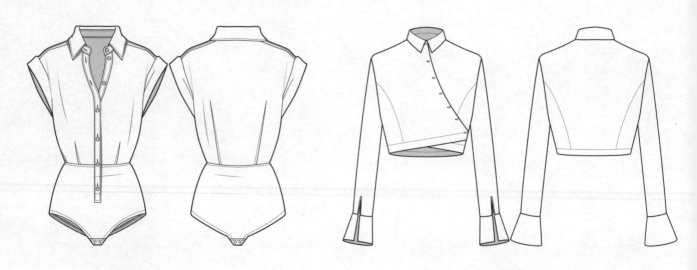

翻领落肩连裤衬衫

翻领前袖口开衩斜门襟曲线分割衬衫

荷叶边蝴蝶结领衬衫

翻领袖山头垂荡褶装饰衬衫

方领五分插肩袖宽松衬衫

荷叶翻领边长袖衬衫

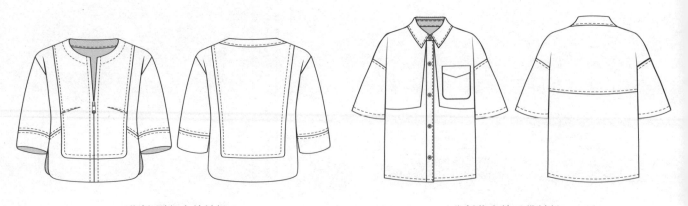

分割T型领中袖衬衫　　　　　　　　　　　　分割落肩袖口袋衬衫

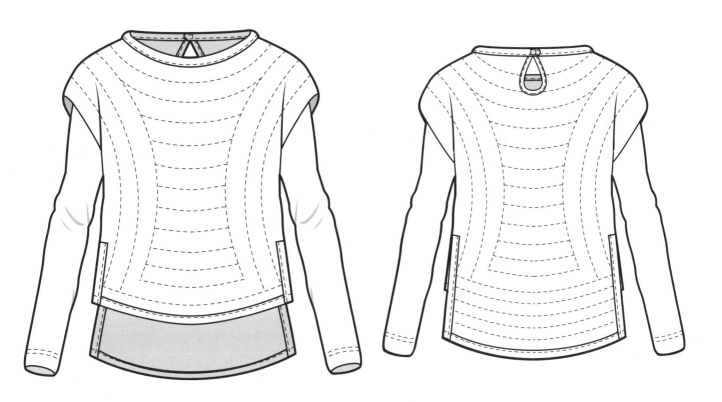

辑线假两件罩衫

盖袖立领塔克褶衬衫

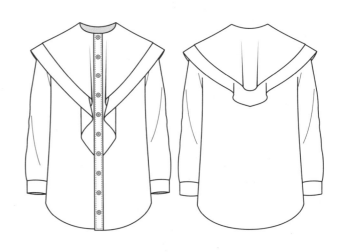

海军领长袖衬衫

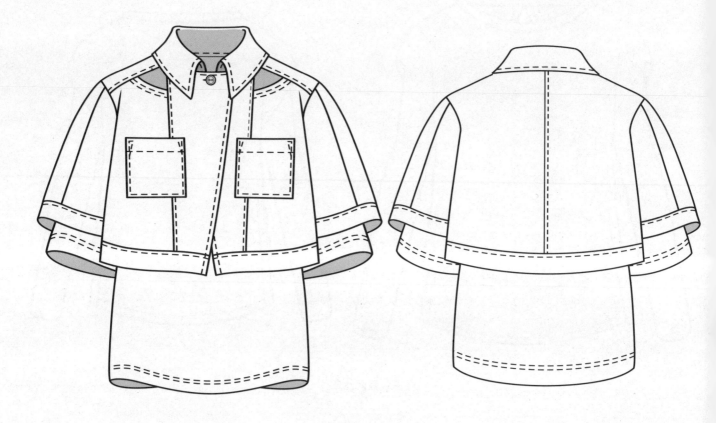

假两件衬衫

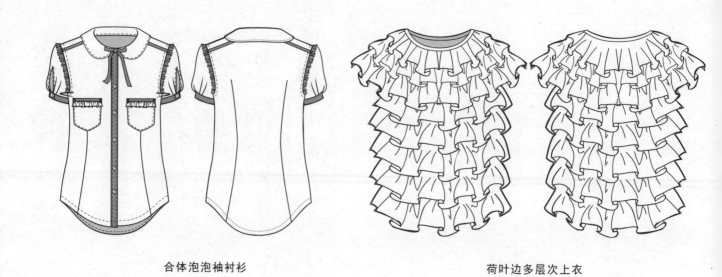

合体泡泡袖衬衫

荷叶边多层次上衣

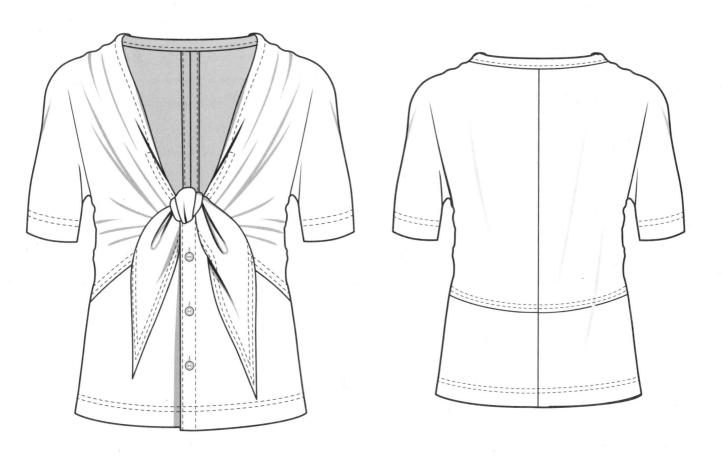

假两件短袖衬衫

荷叶边腰部镂空T型罩衫

荷叶袖蝴蝶结短款衬衫

纵向弧线分割娃娃领短袖衬衫

后背褶皱装饰衬衫 长袖短衬衫

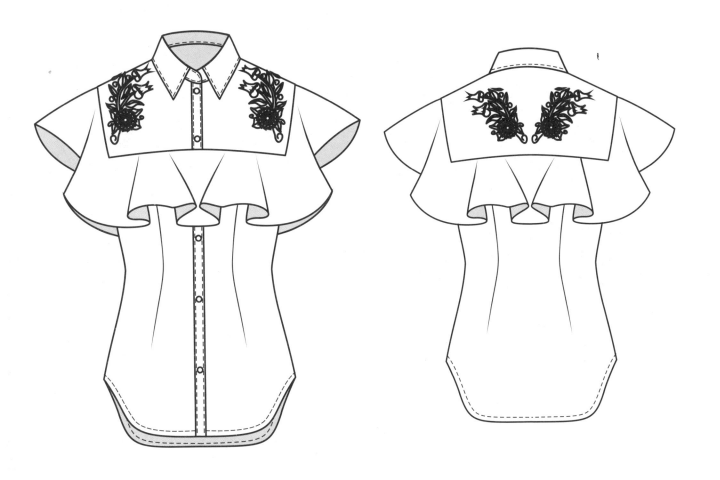

尖翻领胸前荷叶边装饰衬衫

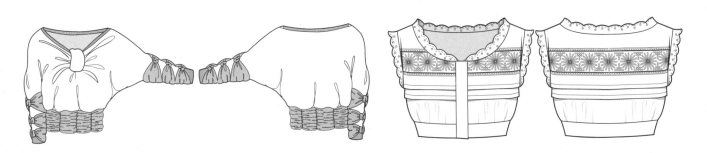

蝴蝶结装饰蝙蝠袖罩衫

花边无袖短款纹样上衣

尖领短袖拼贴衬衫

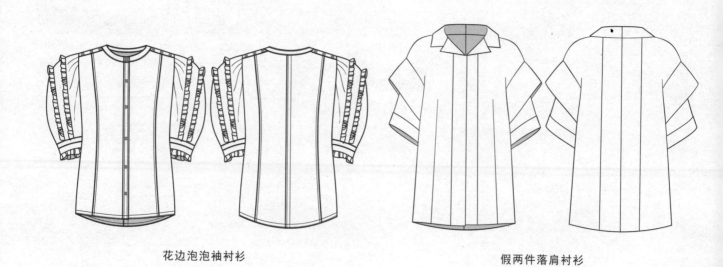

花边泡泡袖衬衫

假两件落肩衬衫

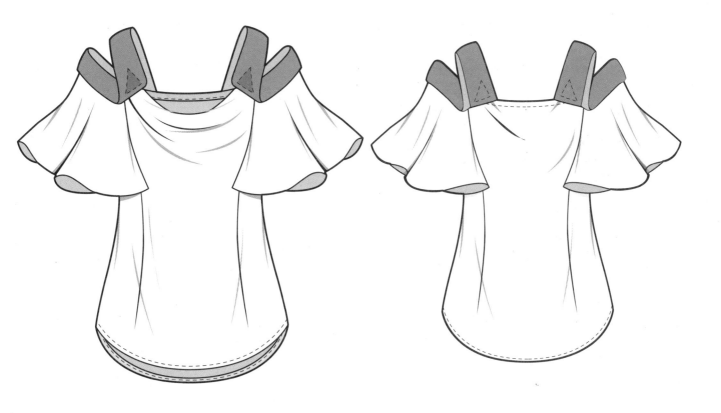

肩带荷叶袖衬衫

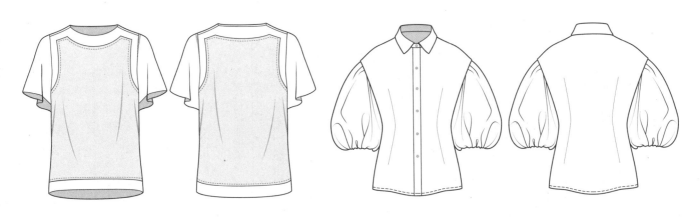

假两件贴布汗衫

尖翻领大灯笼袖短款衬衫

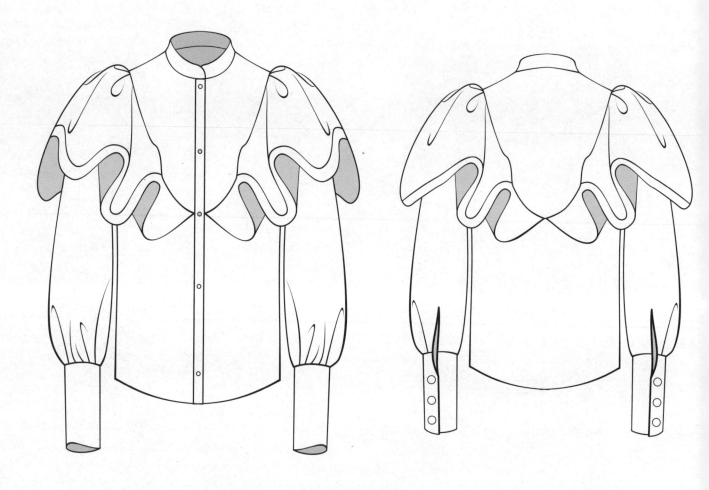

立领荷叶边装饰衬衫

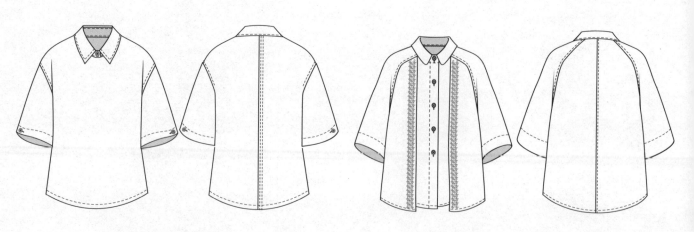

尖翻领落肩短袖衬衫　　　　　　　　尖翻领前衣身花边装饰插袖七分袖衬衫

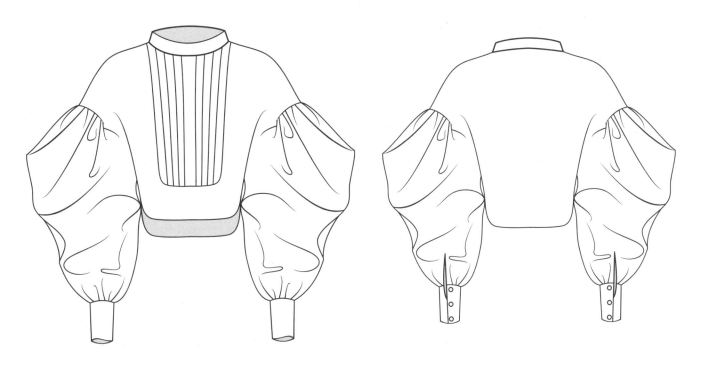

立领落肩夸张袖衬衫

尖领分割抽褶小飞袖衬衫

肩部抽褶短袖衬衫

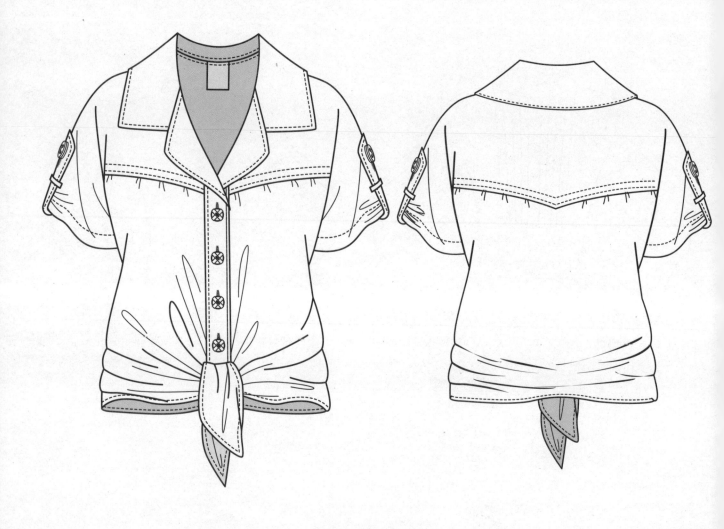

两用衫领腰部扎系衬衫

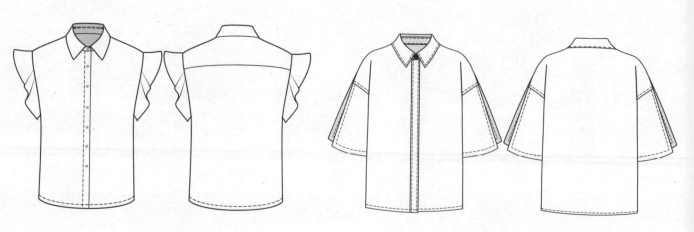

尖翻领小飞袖衬衫

尖翻领袖子开衩落肩衬衫

领口打褶衬衫

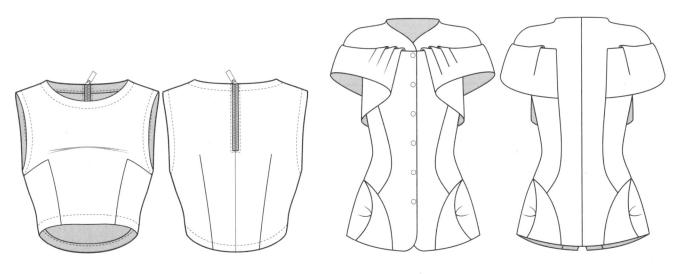

简单分割背心

肩部翻转褶装饰衬衫

领子多层荷叶边装饰衬衫

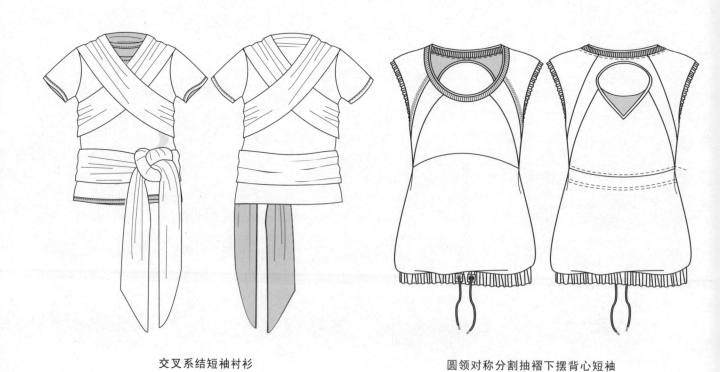

交叉系结短袖衬衫

圆领对称分割抽褶下摆背心短袖

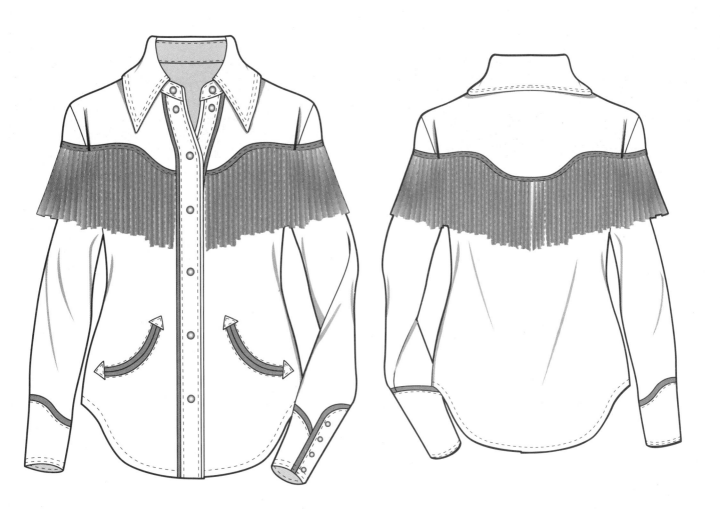

流苏修身衬衫

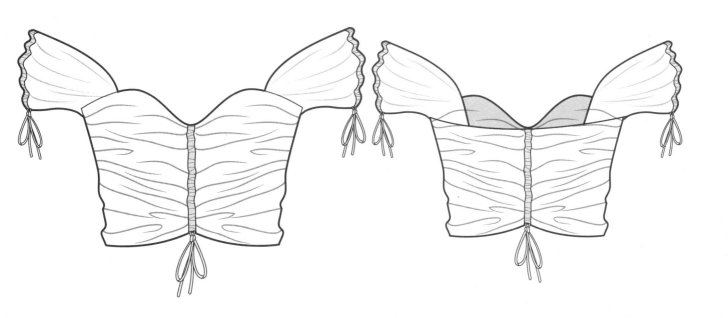

系带衣身抽褶短上衣

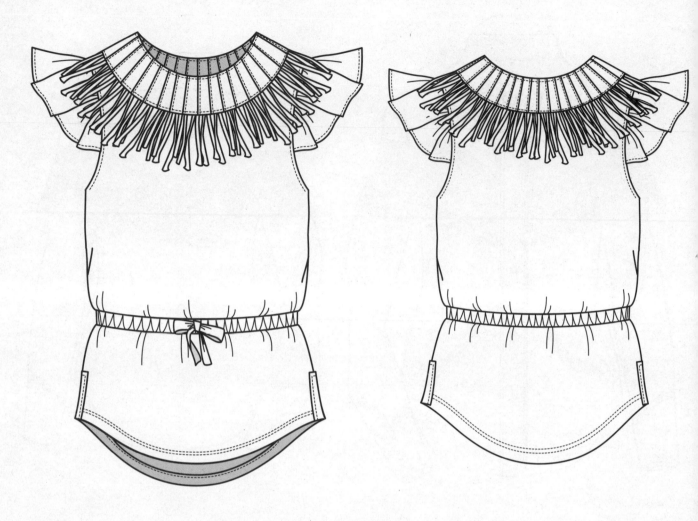

流苏装饰飞袖腰部扎系衬衫

夸张袖修身上衣

镂空花边袖翻领花边门襟衬衫

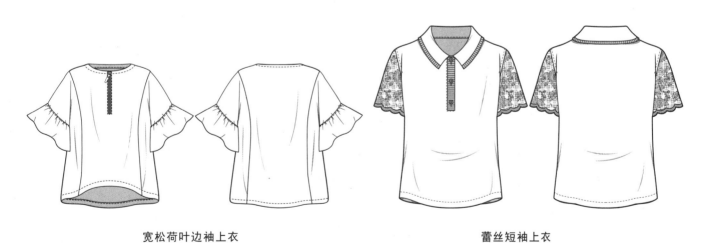

宽松荷叶边袖上衣   蕾丝短袖上衣

镂空木耳边上衣

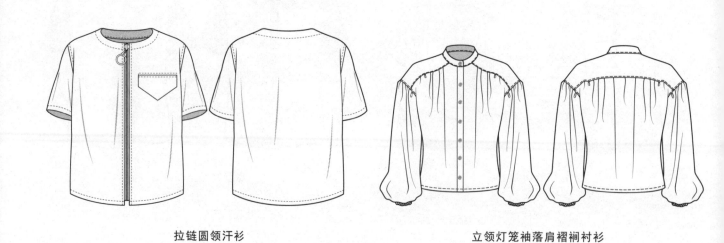

拉链圆领汗衫

立领灯笼袖落肩褶裥衬衫

露肩雪纺衫

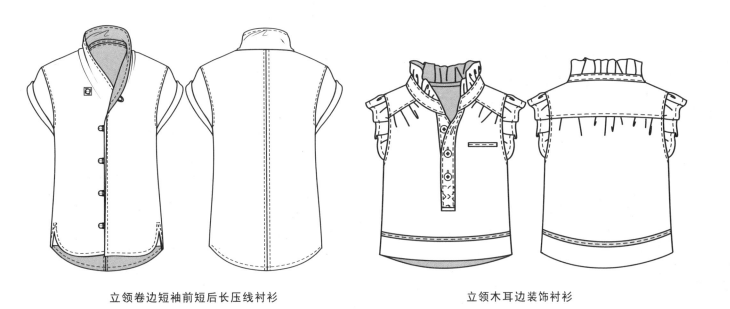

立领卷边短袖前短后长压线衬衫

立领木耳边装饰衬衫

毛绒假两件衬衫

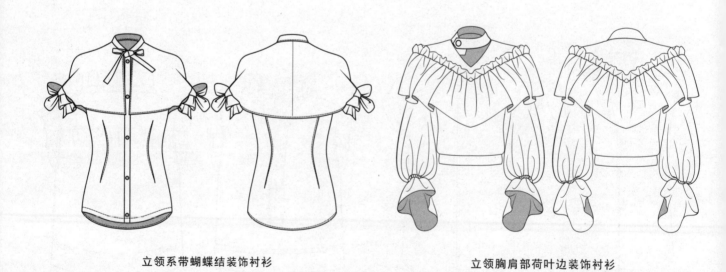

立领系带蝴蝶结装饰衬衫

立领胸肩部荷叶边装饰衬衫

木耳边装饰V领短袖衬衫

连衣袖荷叶边装饰衬衫

领子蝴蝶结装饰汗衫

泡泡袖花边装饰直筒短衬衫

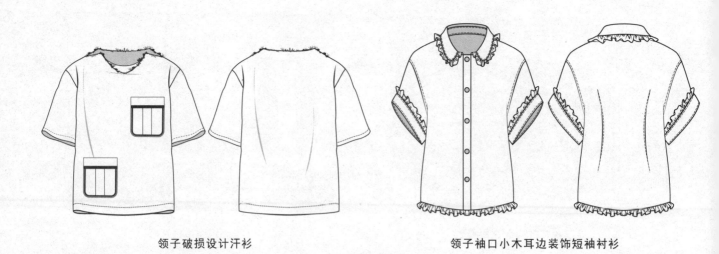

领子破损设计汗衫

领子袖口小木耳边装饰短袖衬衫

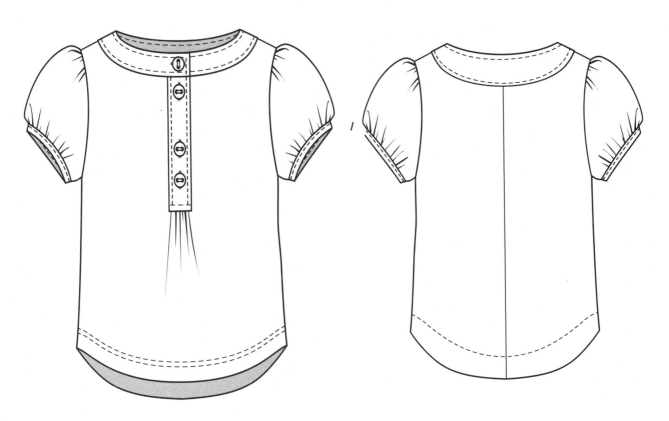

直筒泡泡袖门襟加褶套头上衣

连身袖装饰衬衫

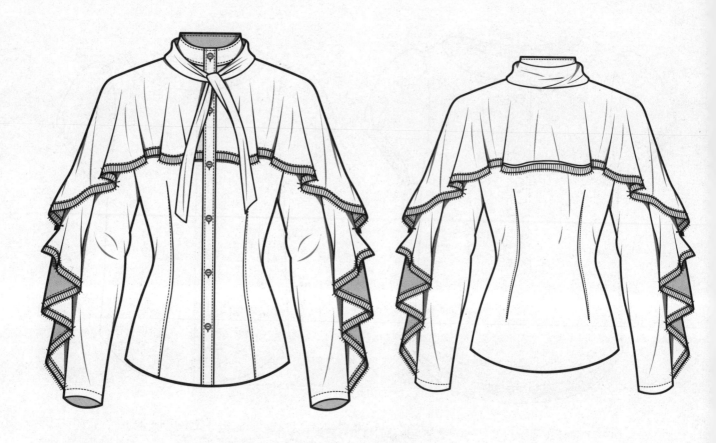

披风式立领合体衬衫

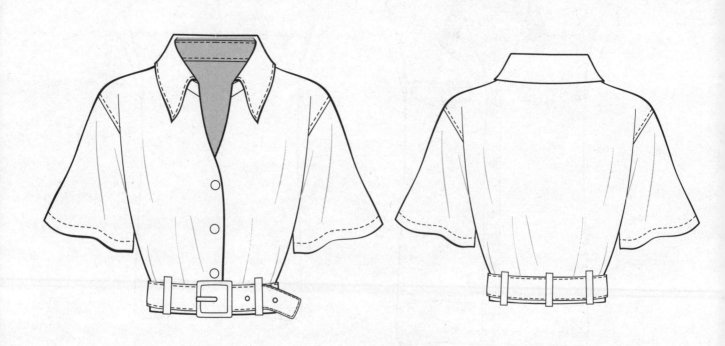

落肩翻领下摆皮带装饰短衬衫

披挂式套头上衣

落肩拉链半门襟前短后长上衣

落肩领子装饰花纹圆摆衬衫

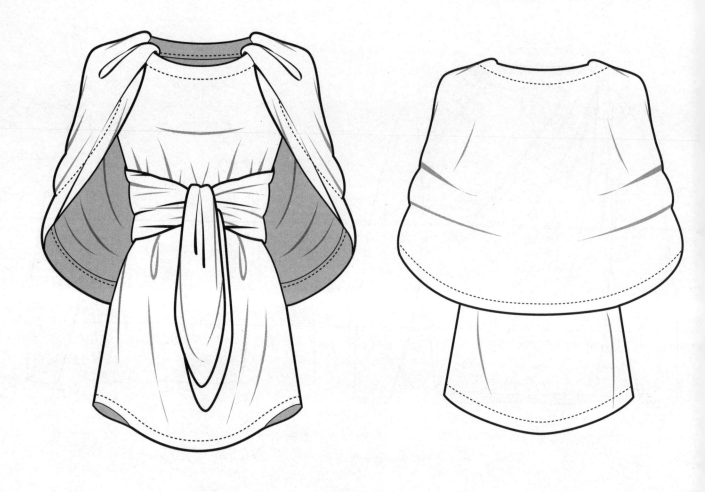

披肩系腰带衬衫

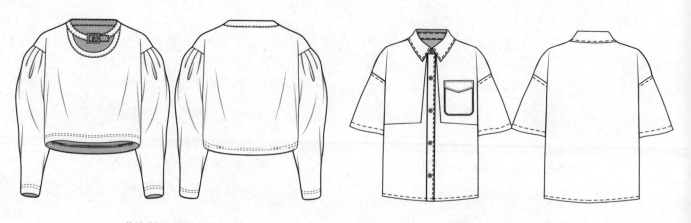

落肩羊腿袖宽松上衣

落肩中袖口袋不对称衬衫

网纱拼接短袖衬衫

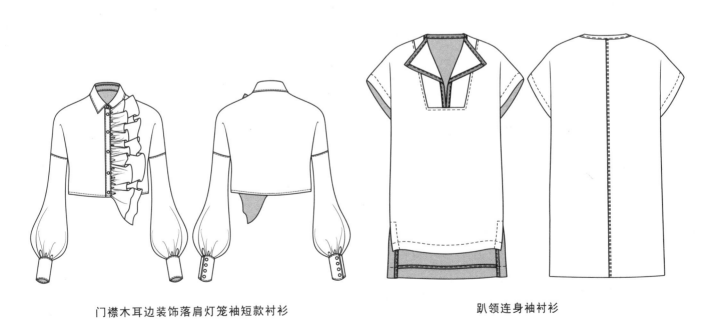

门襟木耳边装饰落肩灯笼袖短款衬衫

趴领连身袖衬衫

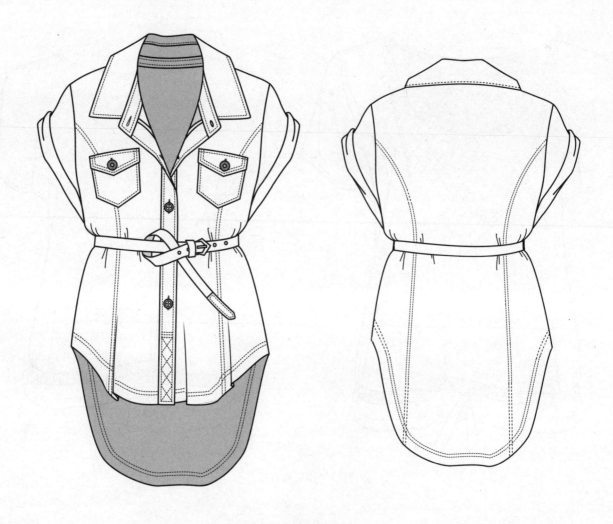

系腰带前短后长衬衫

皮筋抽褶袖子衬衫

飘带长袖克夫短款衬衫

胸前装饰抽褶衬衫

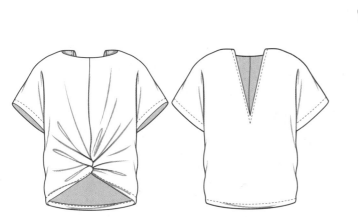

前底摆打结上衣

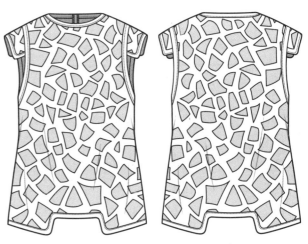

拼块创意圆领衬衫

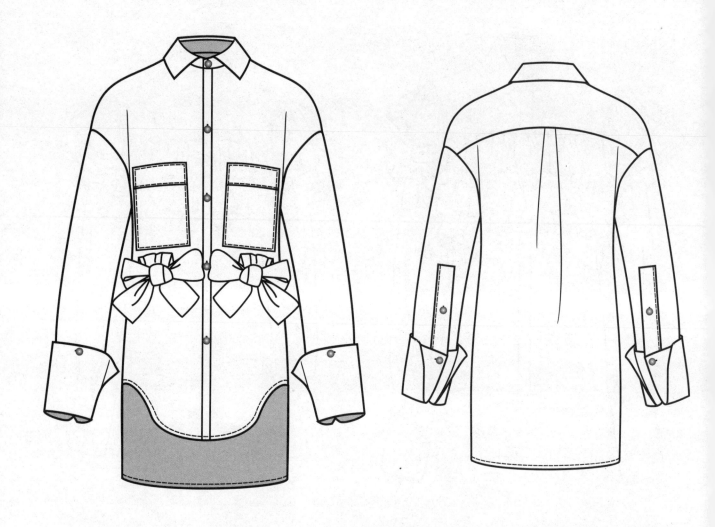

腰部蝴蝶结装饰衬衫

双层荷叶边袖衬衫   深V收摆喇叭袖衬衫

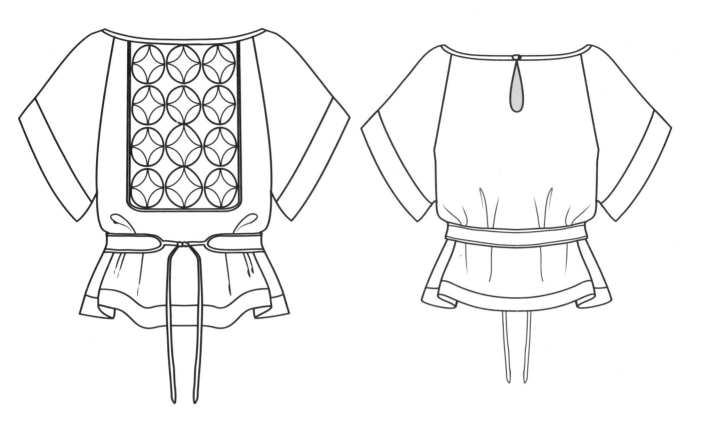

腰部系带胸前印花短款套头衫

羊腿袖翻领衬衫

羊腿袖抹胸上衣

腰部系带喇叭袖短打衬衫

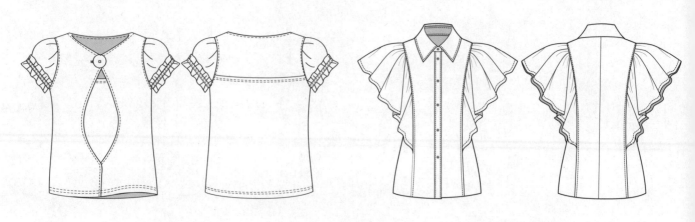

无领泡泡袖上衣　　　　　　　　　　无袖木耳边分割衬衫

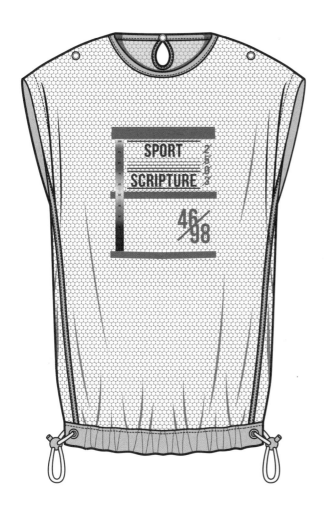
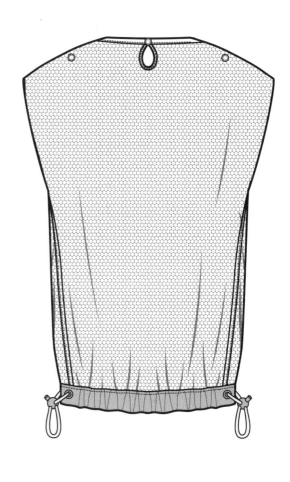

衣摆抽带落肩汗衫

修身拉链一字肩上衣   羊腿袖衬衫

落肩翻领短袖衬衫

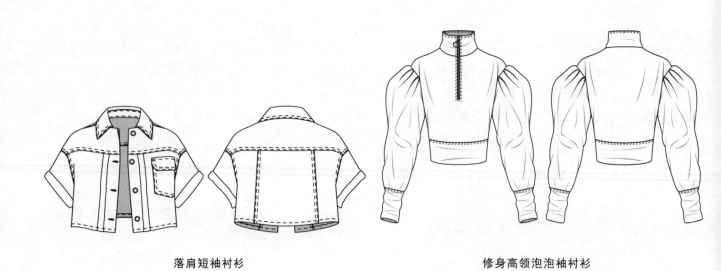

落肩短袖衬衫　　　　　　　　　修身高领泡泡袖衬衫

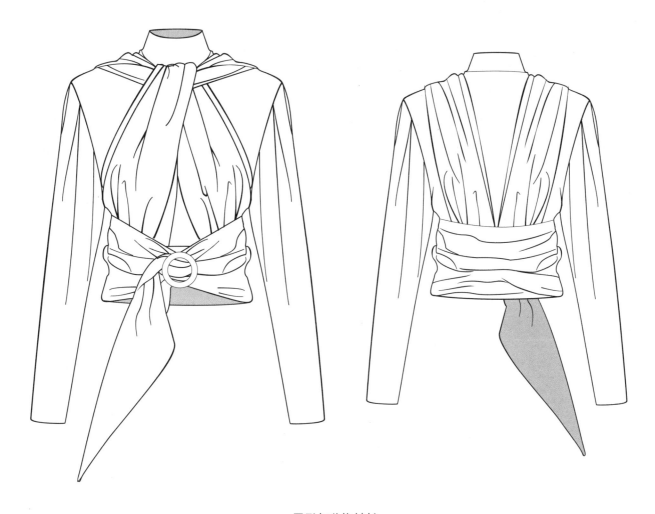

圆形扣装饰衬衫

褶裥装饰衬衫

直筒短袖套头衫

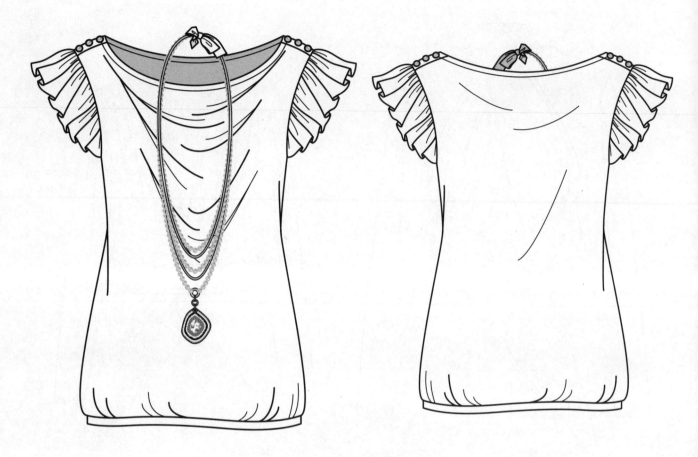

一字领飞袖罩衫

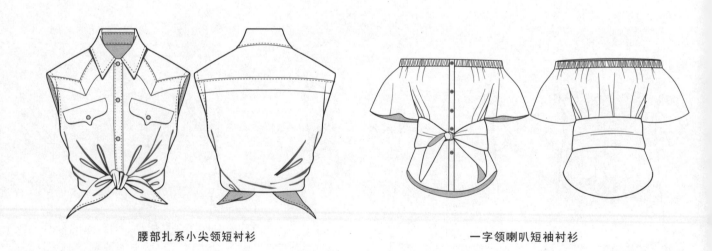

腰部扎系小尖领短衬衫 一字领喇叭短袖衬衫

圆领落肩中袖汗衫

无领飞袖木耳边装饰衬衫

圆领罗纹边紧身罩衫

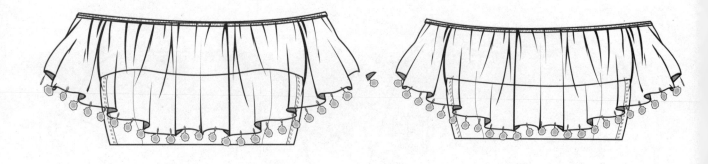

一字领宽松短上衣

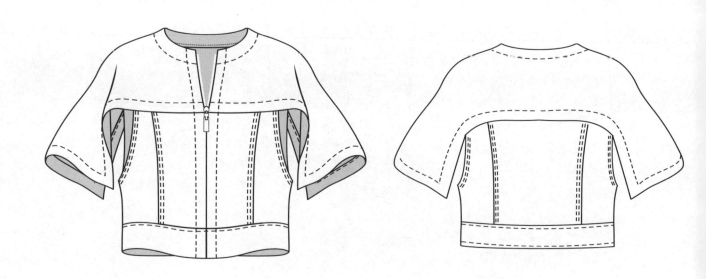

圆领披肩牛仔衬衫

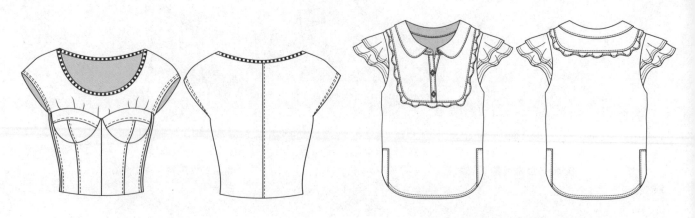

胸部分割衬衫　　　　　　　　　　　　圆翻领胸前木耳边装饰飞袖衬衫

第七章

款式图设计
（X型）

V领大袖褶裥上衣

U型领波浪摆中袖衬衫   V领荷叶边五分袖衬衫

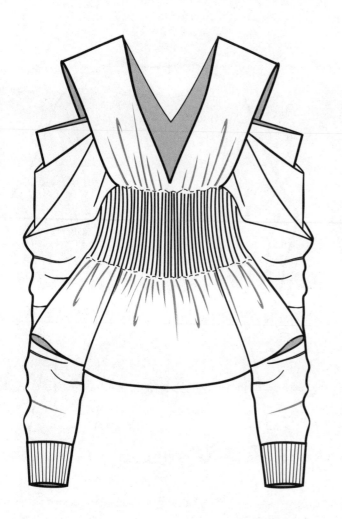
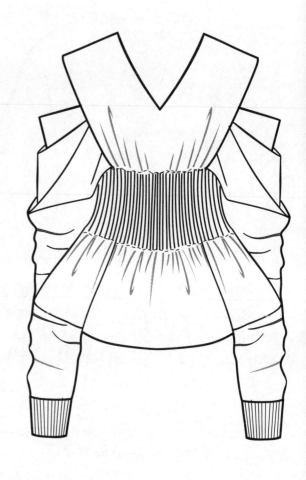

V领露肩松紧带收腰衬衫

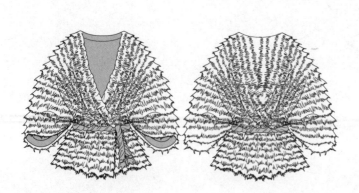

V领连身腰部系带衬衫

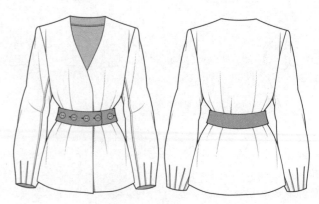

V领腰部系皮带长袖衬衫

V领木耳边衬衫

V领衣身塔克褶收腰衬衫

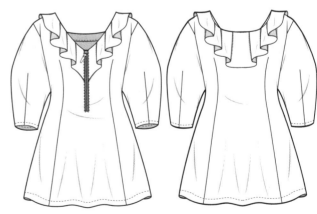

V型波浪领半门襟衬衫

不对称夸张袖衬衫

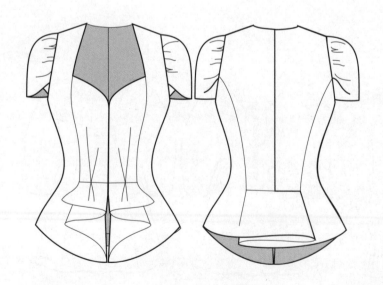

半袖褶裥衬衫

背部镂空飞袖小汗衫

不对称领系带衬衫

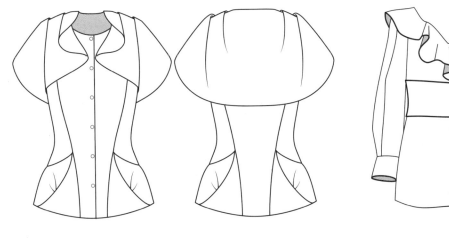

波浪翻转领分割衬衫

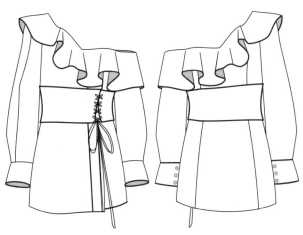

不对称绑带式衬衫

不对称系带衬衫

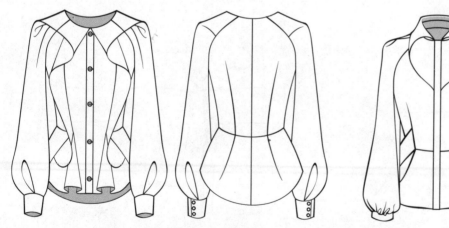

插肩灯笼袖波浪褶修身衬衫

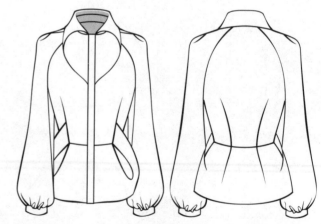

插肩灯笼袖翻领衬衫

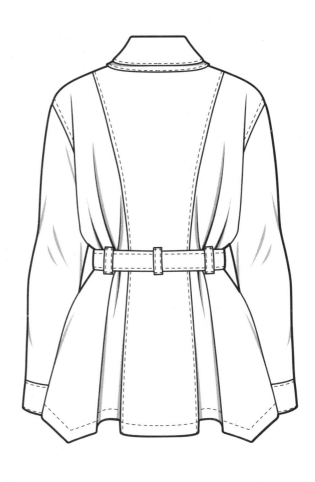

不规则底边衬衫

灯笼袖翻领荷叶边装饰收腰宽松衬衫

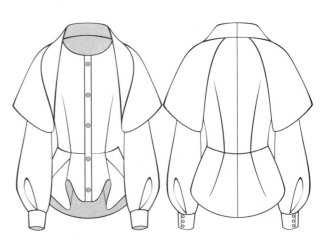

灯笼袖假两件衬衫

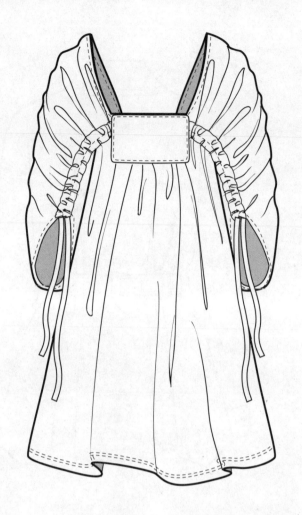

抽褶袖子长款衬衫

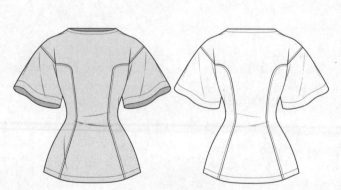

刀背分割短袖合体衬衫

灯笼袖波浪衣摆无领水滴镂空衬衫

垂荡领百褶摆汗衫

大圆领飞袖装饰门襟衬衫

衬衫裙

灯笼袖波浪褶装饰修身衬衫

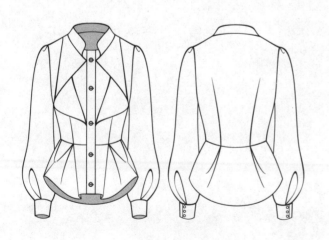

灯笼袖立领衬衫

灯笼袖立领荷叶下摆衬衫

灯笼袖蝴蝶结领荷叶边下摆修身衬衫

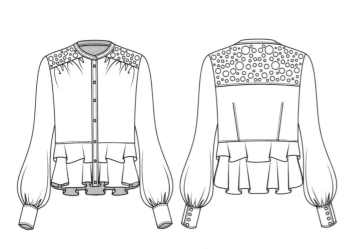

灯笼袖下摆波浪褶衬衫

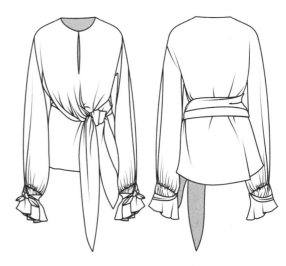

灯笼袖无领水滴镂空腰部蝴蝶结衬衫

翻领绑袖子衬衫

灯笼袖腰带无领上衣

吊带波浪摆背心

翻领斜门襟收腰飘带衬衫

翻领半门襟短款宽松短衫

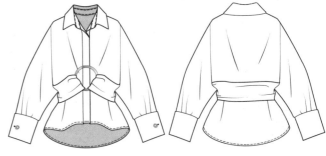

翻领前短后长束腰衬衫

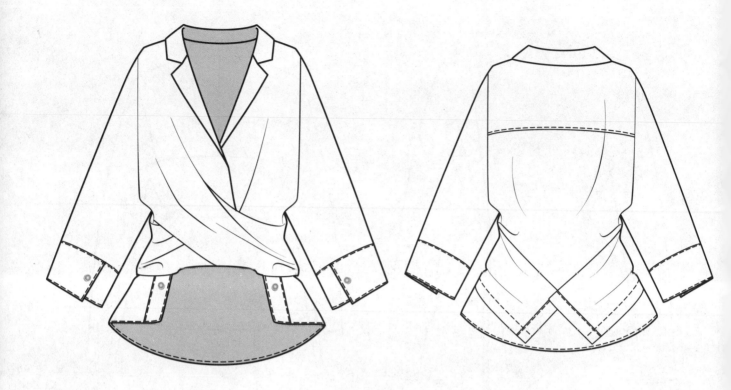

翻领腰部交叉衬衫

吊带褶皱花边装饰小背心

腰带扎系短款衬衫

翻领长喇叭袖上衣

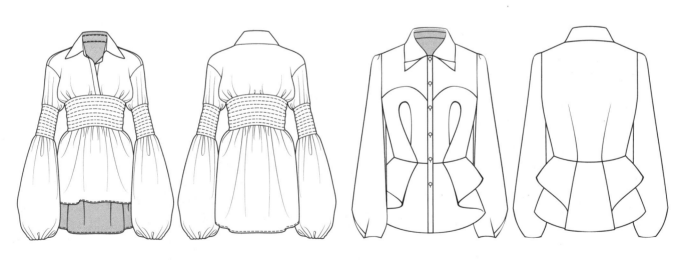

翻领灯笼袖抽褶宽松衬衫   翻领灯笼袖褶裥衬衫

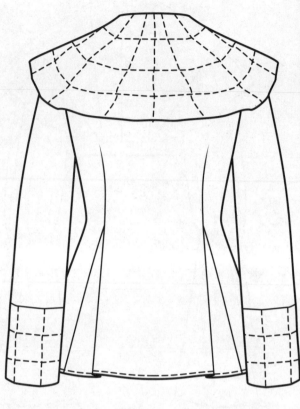

方格花纹大翻领收腰衬衫

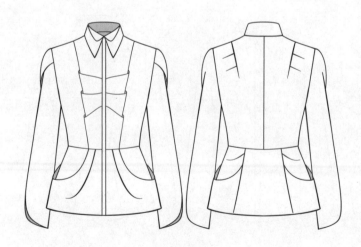

翻领分割上衣

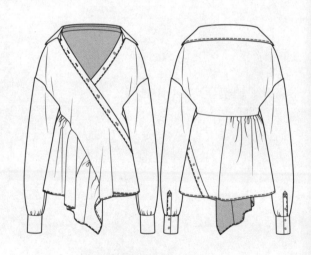

翻领交襟不对称下摆衬衫

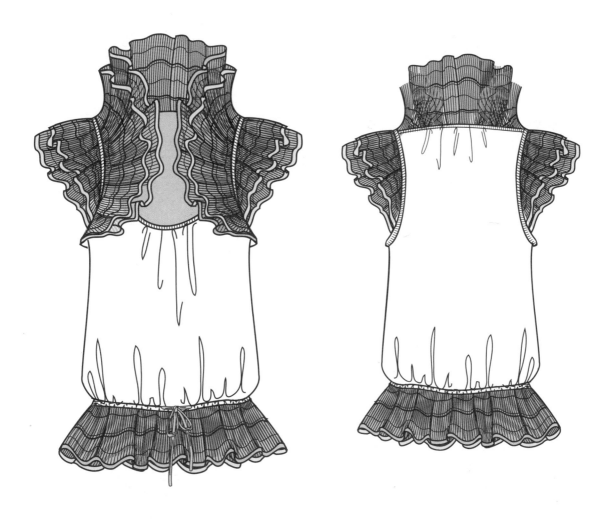

飞袖抽褶上衣

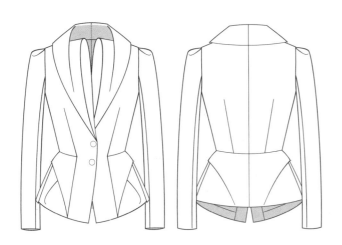

翻领收省收腰衬衫

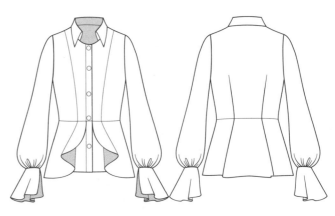

翻领束口袖衬衫

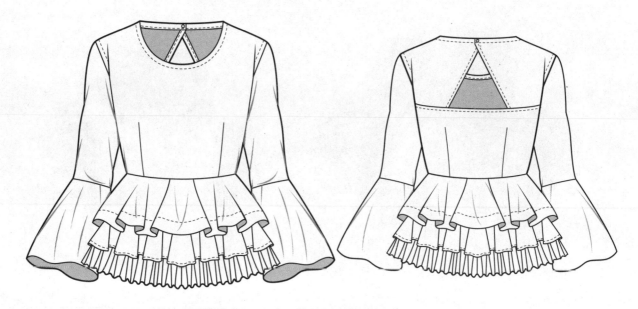

荷叶边下摆衬衫

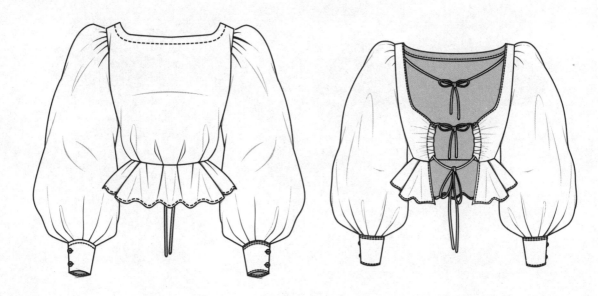

露背系带大灯笼袖衬衫

翻领袖口开衩衬衫　　　　　　　　　翻领绣花衬衫

荷叶边装饰小立领衬衫

翻领系飘带收腰衬衫

翻领松紧收腰衬衫

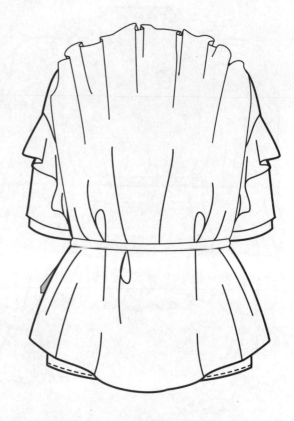

荷叶边装饰中袖衬衫

翻领下摆开衩系带衬衫

翻领无袖波浪摆腰带衬衫

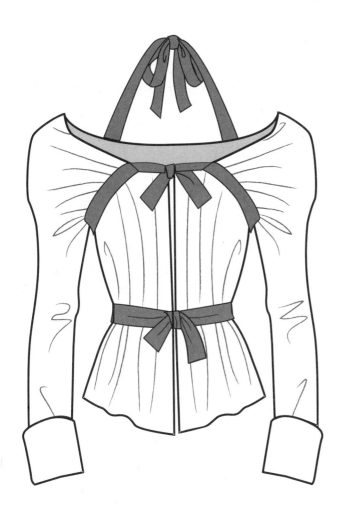

蝴蝶结装饰衬衫

翻领腰部绑带连衣裙衬衫

翻领腰部收紧长款衬衫

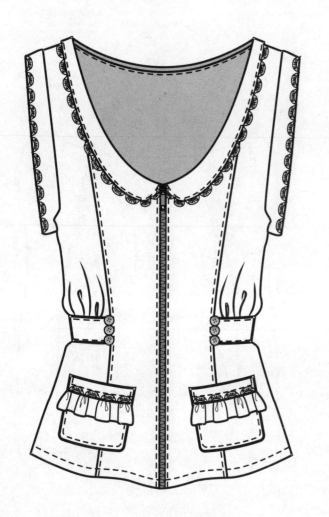

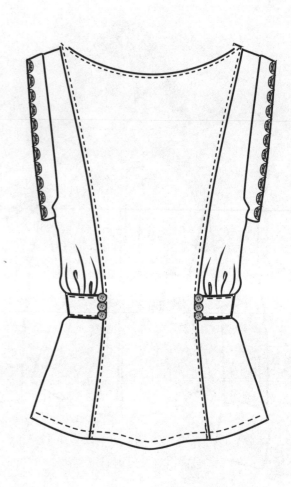

花边装饰腰部抽褶背心

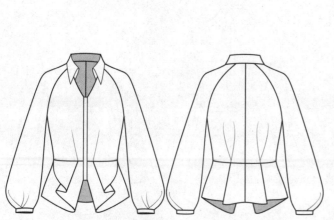

翻转褶下摆衬衫

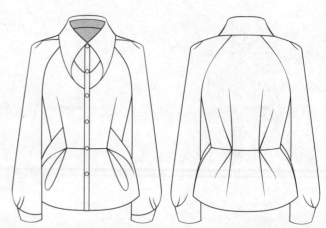

翻转领胯部水滴褶长袖衬衫

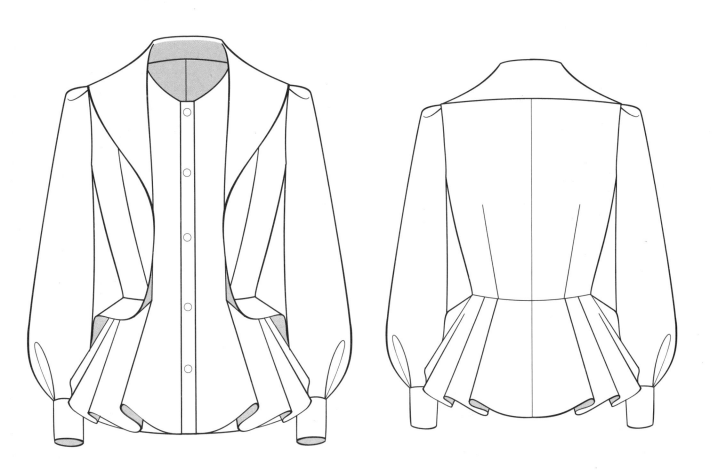

假两件修身灯笼袖衬衫

高腰百褶背心

蝴蝶结装饰衬衫

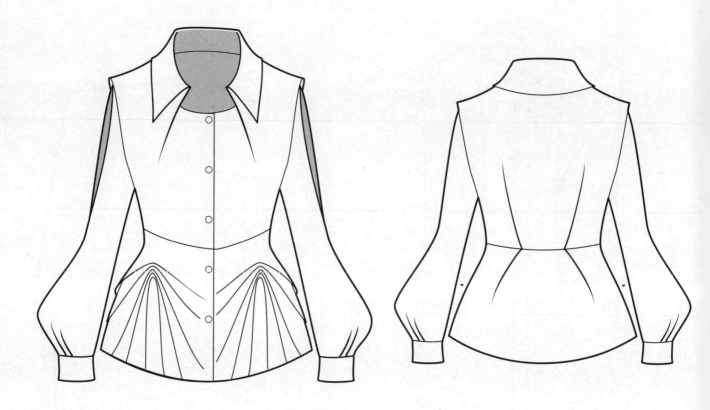

胯部发散褶装饰衬衫

假两件七分袖修身衬衫　　　　　　　　花式领子变化袖衬衫

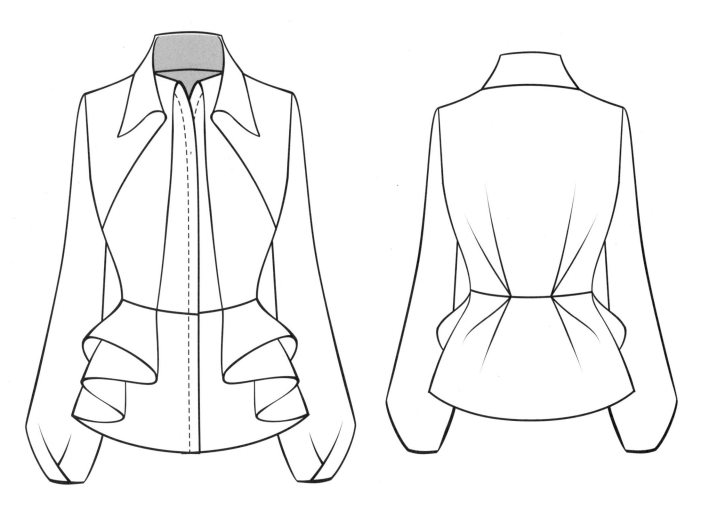

胯部翻转褶假两件衬衫

尖翻领立体袖衬衫

口袋装饰衬衫

喇叭袖抽褶衬衫

简单分割飘带短衫

肩部镂空泡泡袖衬衫

喇叭袖立领腰部交叉衬衫

胯部立体造型长袖衬衫

立翻领五分袖束腰牛仔衬衫

喇叭袖腰部松紧衬衫

立领灯笼袖分割门襟拉链上衣   立领荷叶下摆衬衫

蕾丝装饰V领短袖衬衫

立领就身立体褶修身衬衫

立领胸部立体褶衬衫

立领花边收腰衬衫

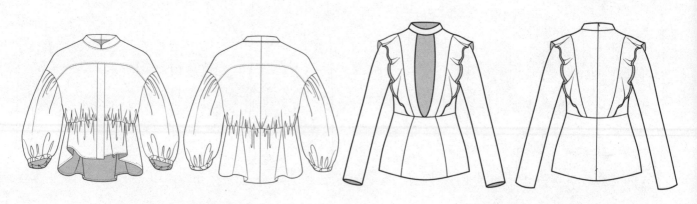

立领落肩灯笼袖腰部抽褶衬衫   荷叶边纵向装饰合体衬衫

立领亮片束腰衬衫

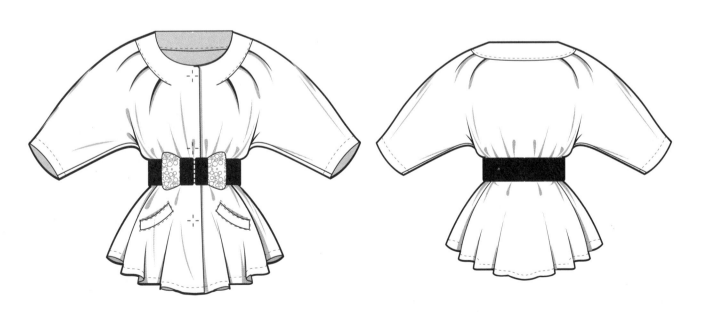

连身袖束腰衬衫

两件套荷叶边装饰吊带衬衫

落肩背部松紧罩衫

落肩搭片式衬衫

露肩翻领褶皱衬衫

落肩短袖透明收腰衬衫

落肩灯笼袖翻领腰带衬衫

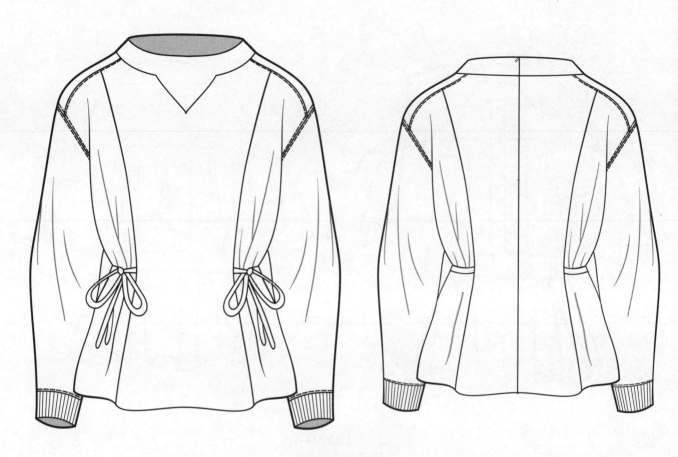

落肩腰间绑带衬衫

落肩束腰褶裥上衣

落肩斜襟皮带上衣

落肩褶裥叶片装饰收腰宽松衬衫

木耳边立领藕节袖收腰宽摆衬衫

木耳边领抽褶衬衫

木耳领无袖双层波浪摆衬衫

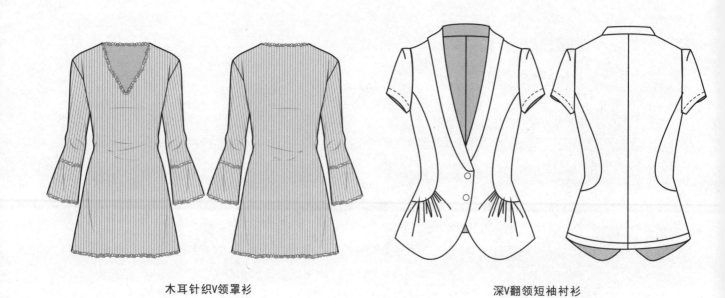

木耳针织V领罩衫

深V翻领短袖衬衫

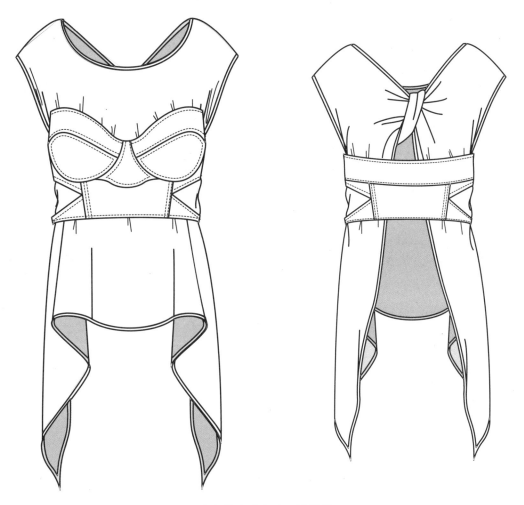

内衣外穿式荷叶下摆罩衫

内衣外穿式立领绑带衬衫

深V立领落肩衬衫

内衣外穿式花苞袖衬衫

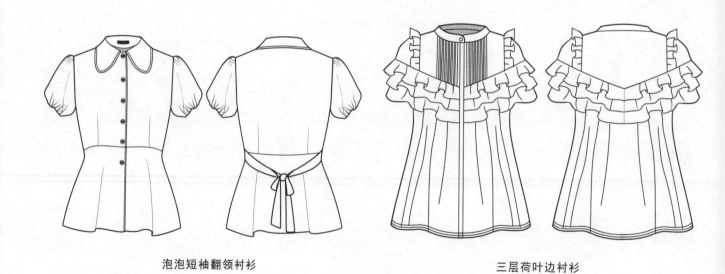

泡泡短袖翻领衬衫

三层荷叶边衬衫

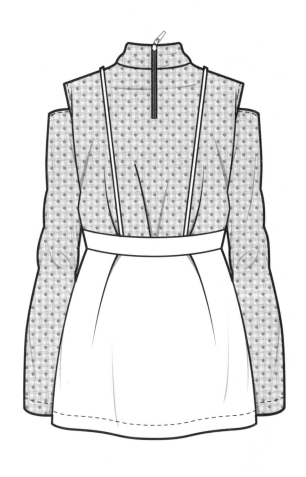

内衣外穿式露肩衬衫

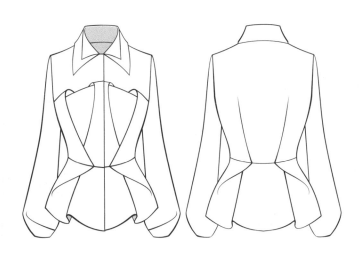

双层领立体褶装饰衬衫

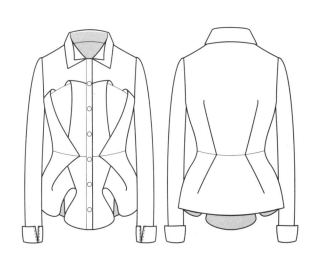

双层领胸部变化褶衬衫

皮筋大波浪褶衬衫

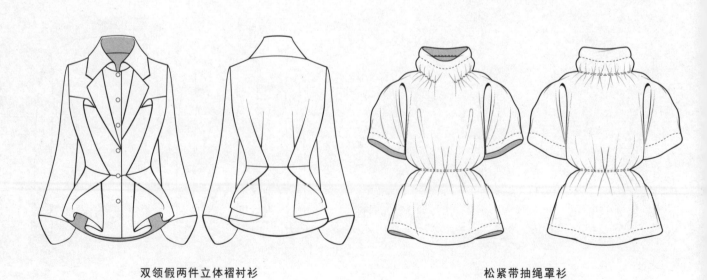

双领假两件立体褶衬衫

松紧带抽绳罩衫

飘带灯笼袖背部纽扣衬衫

松紧露肩衬衫　　　　　　无领灯笼袖喇叭袖口收腰波浪摆衬衫

深V领衣摆袖子碎褶装饰衬衫

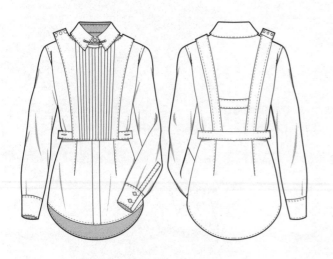

塔克背心衬衫

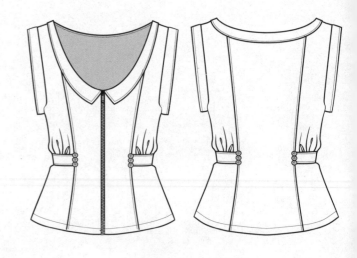

无袖U型领衬衫

围脖领灯笼袖衬衫

无袖波浪摆衬衫

系扣披风式衬衫

无领无袖下摆开衩分割腰带罩衫

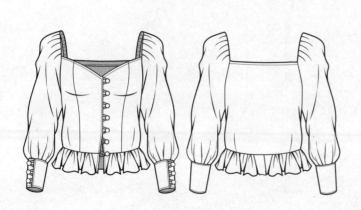

下摆荷叶边装饰灯笼袖衬衫

系腰带宽松罩衫

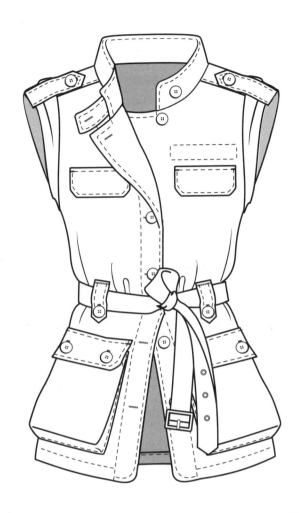
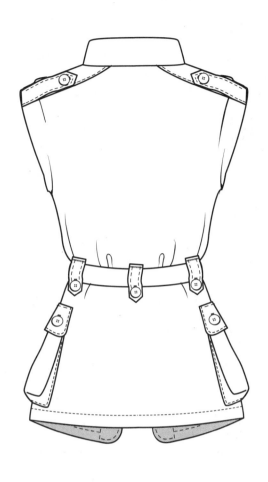

无袖牛仔衬衫

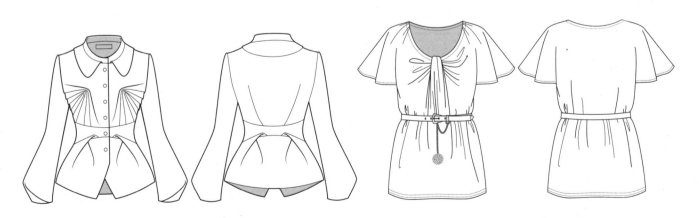

胸部发散褶装饰衬衫   胸部抽褶喇叭袖衬衫

无袖腰部抽褶衬衫

胸部立体褶长袖衬衫

胸部水滴褶装饰衬衫

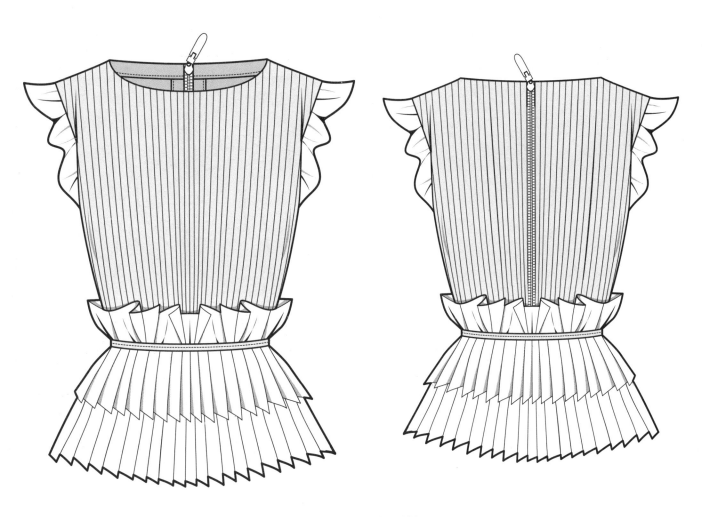

小飞袖百褶收腰蛋糕摆衬衫

胸口蝴蝶结装饰波浪摆衬衫

胸口镂空立领下摆开衩罩衫

斜襟不对称衬衫

胸前对褶宽松衬衫

泡泡五分袖修身罩衫

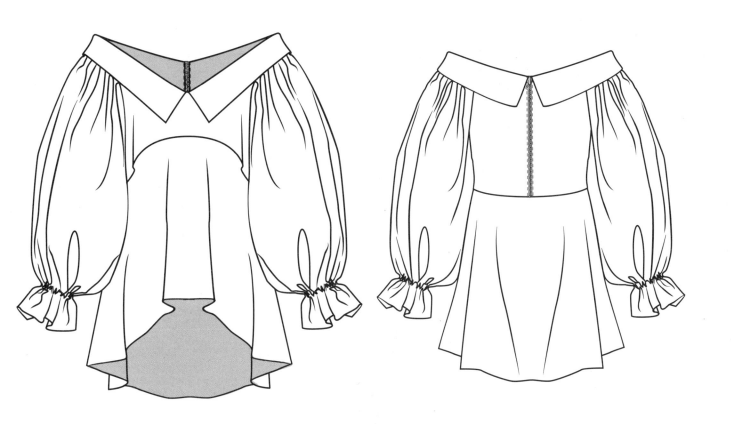

袖抽褶衬衫

胸前水滴褶胯部变化褶装饰衬衫

胸前水滴褶胯部立体装饰衬衫

袖口系带深V领波浪摆衬衫

袖口蝴蝶结飘带半门襟褶裥衬衫

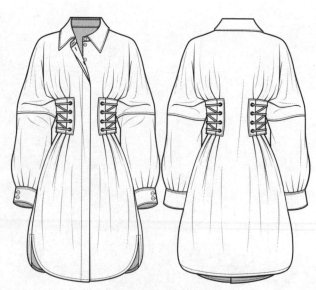

腰部系带圆摆长款衬衫

绣花装饰衬衫

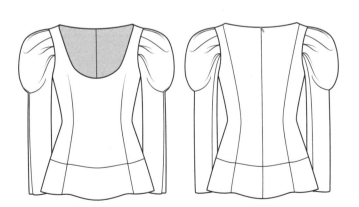

羊腿袖U领衬衫

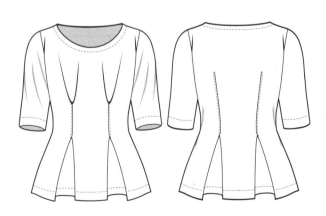

腰部褶裥衬衫

腰部抽带插肩袖宽门襟衬衫

羊腿袖装饰门襟立领罩衫

腰部发散褶装饰衬衫

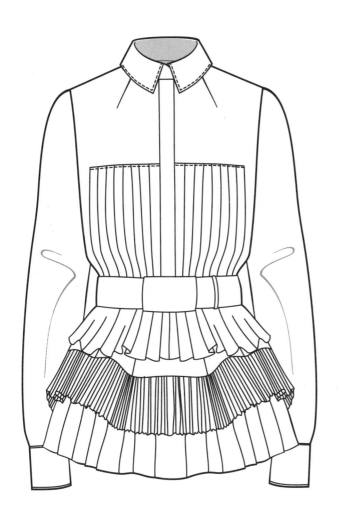

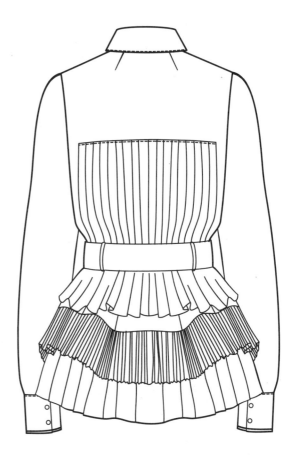

腰带褶裥分割衬衫

一字领低腰皮带装饰波浪摆罩衫

衣身立体褶翻领衬衫

圆领荷叶下摆上衣

圆翻领胸前塔克褶飞袖衬衫

圆领波浪摆短袖罩衫

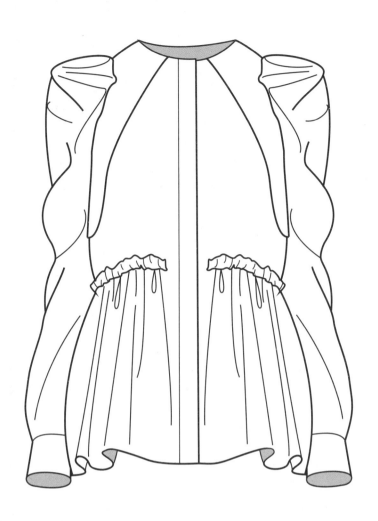

圆领衣摆抽碎褶变化袖衬衫

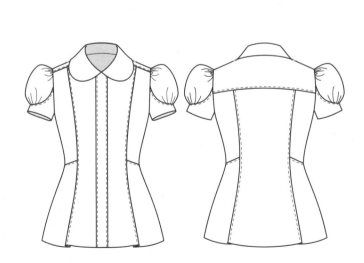

圆领泡泡袖衬衫

扎系褶皱无袖衬衫

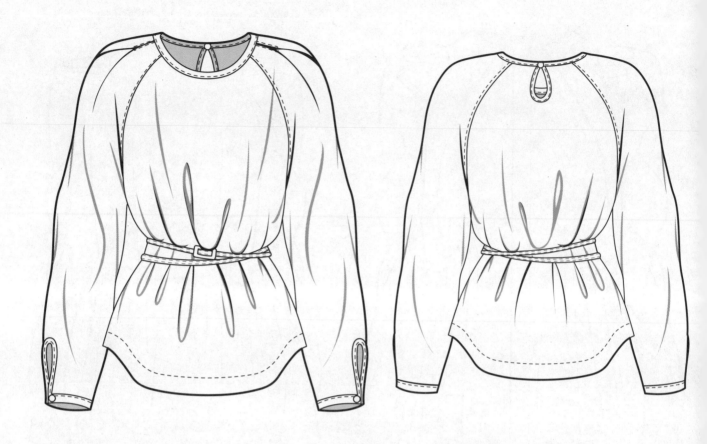

褶裥插肩袖腰带衬衫

长袖抽褶胸前镂空衬衫

褶裥翻领衬衫

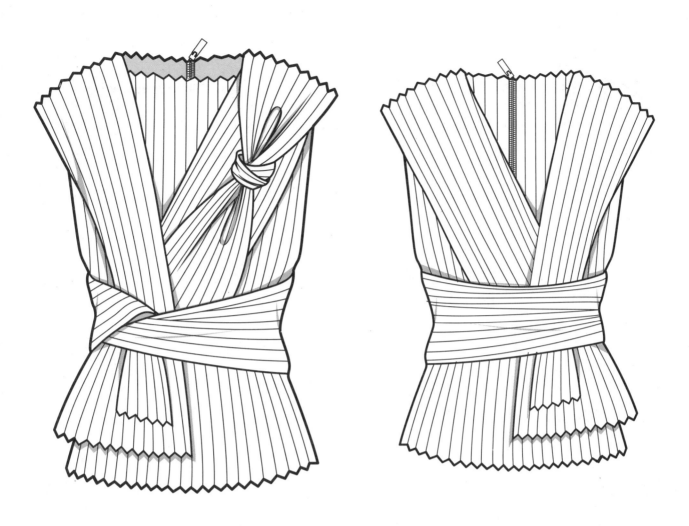

褶裥缠绕修身上衣

荷叶边喇叭袖衬衫

褶皱腰带衬衫

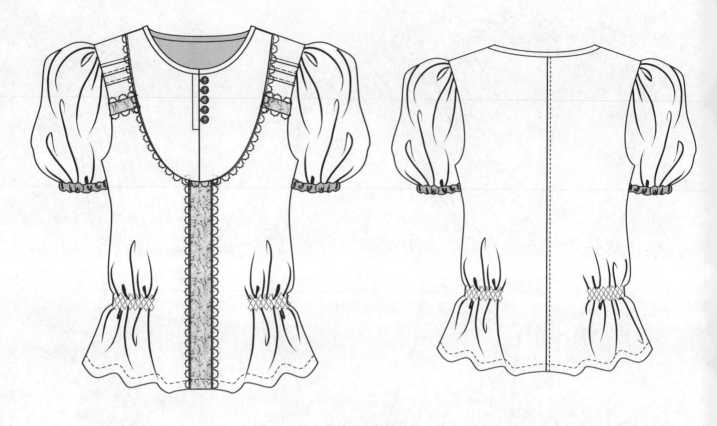

褶皱泡泡袖衬衫

褶裥蝴蝶结飘带翻领衬衫

中式无袖修身上衣

第八章

款式图设计
（组合型）

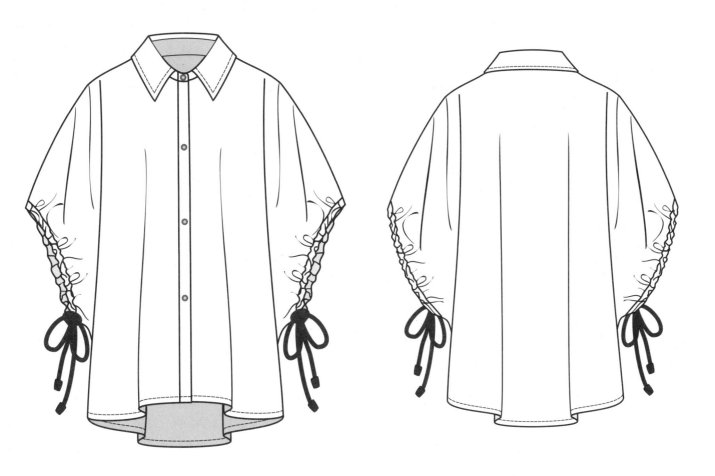

蝙蝠袖抽褶女衬衫

百褶袖宽松衬衫

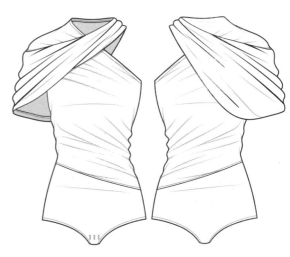

不对称披风型紧身T恤

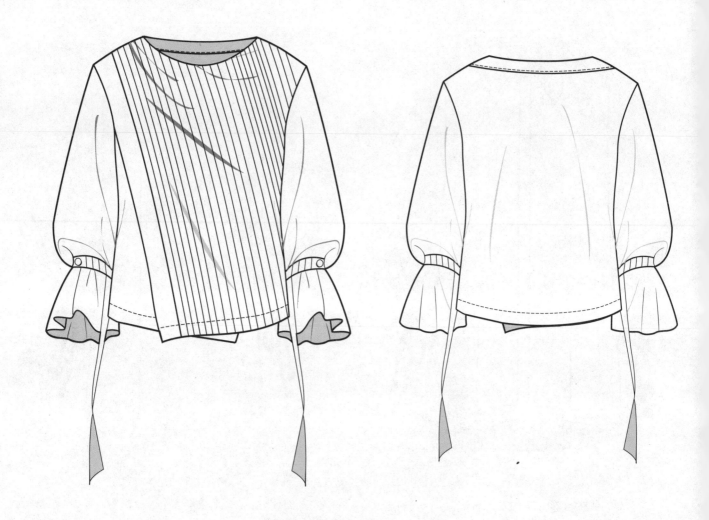

不对称装饰门襟袖口系带装饰衬衫

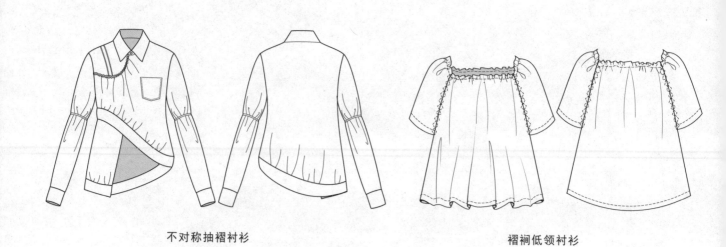

不对称抽褶衬衫

褶裥低领衬衫

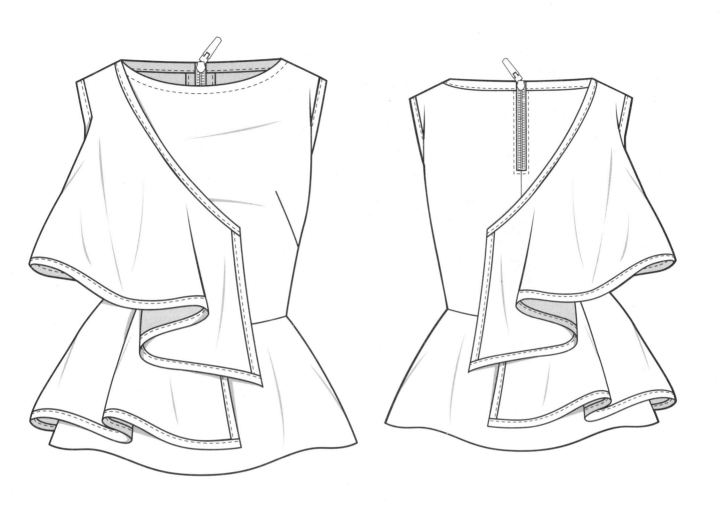

单边荷叶边上衣

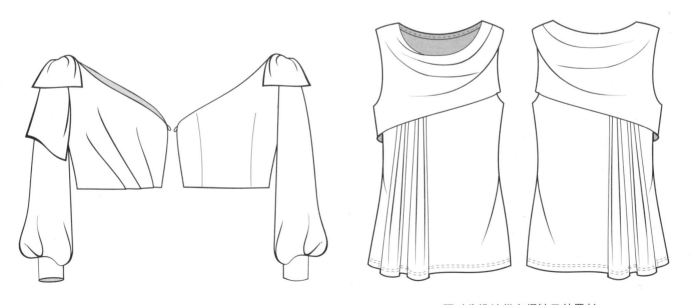

不对称短衬衫

不对称设计纵向褶皱无袖罩衫

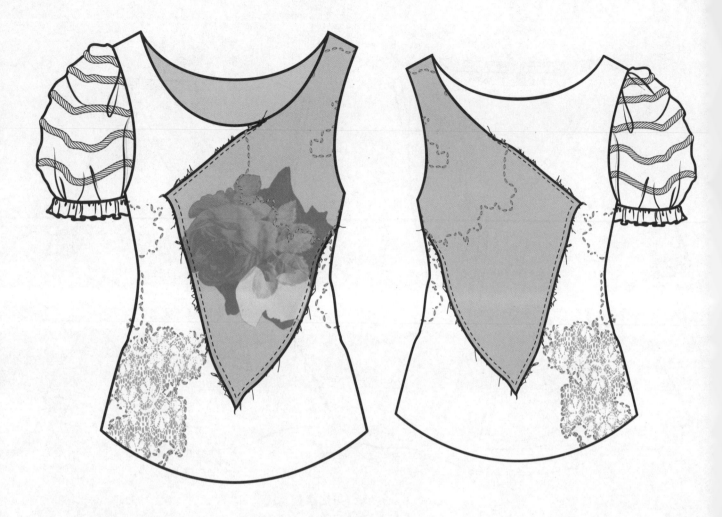

单肩泡袖拼接圆领罩衫

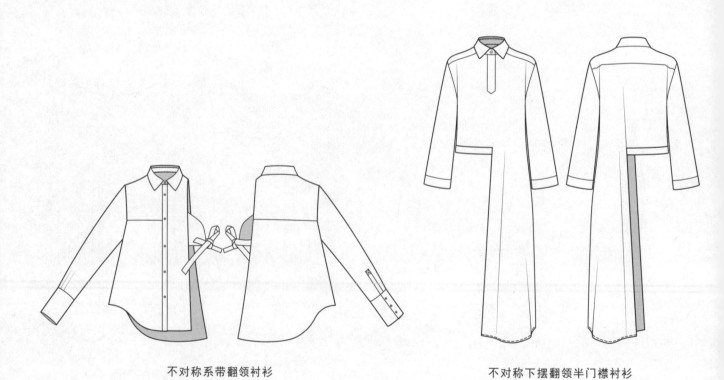

不对称系带翻领衬衫

不对称下摆翻领半门襟衬衫

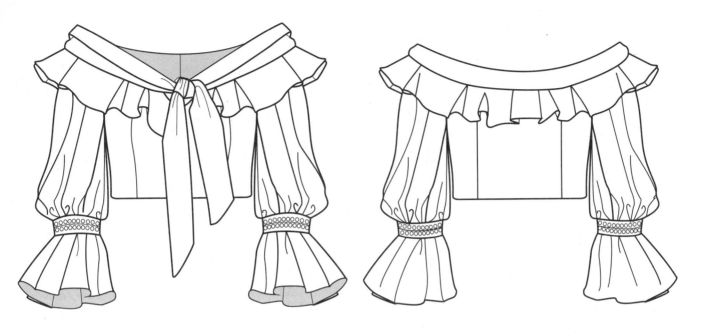

灯笼袖荷叶边短款衬衫

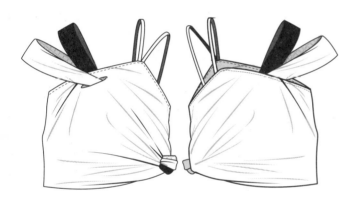

不对称吊带小背心

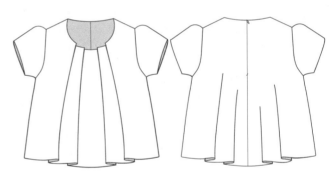

褶裥短袖衬衫

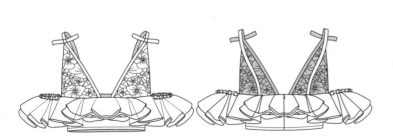

荷叶边露脐短小衬衫

夸张袖修身上衣

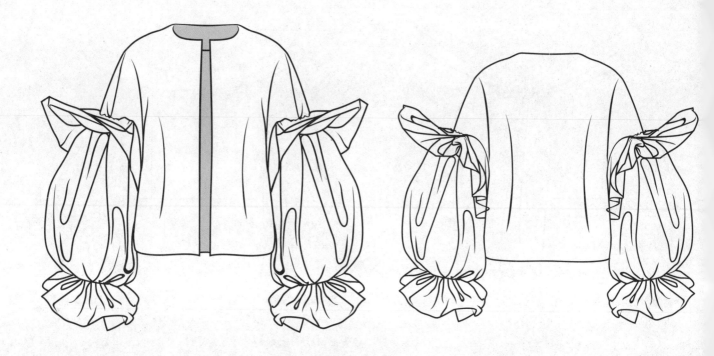

灯笼袖无领衬衫

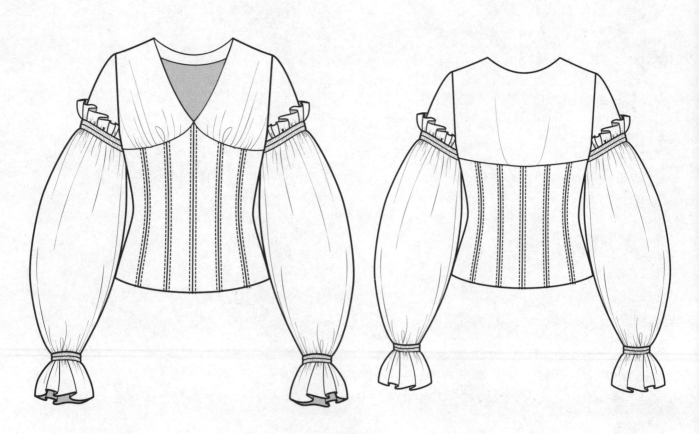

灯笼袖V领

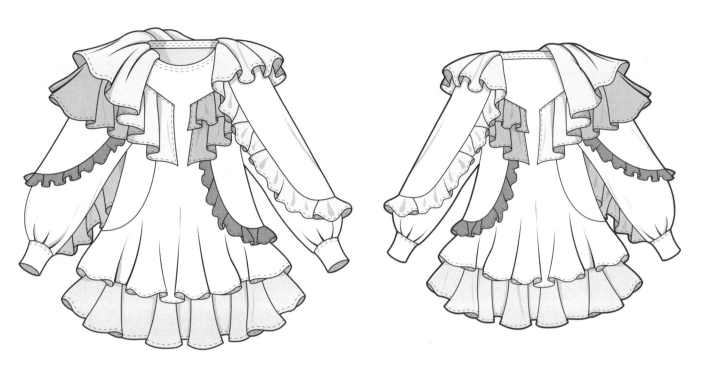

多花边装饰蓬蓬摆衬衫

灯笼袖立领水滴型镂空中部松紧大摆

短款背心字母绑带运动上衣

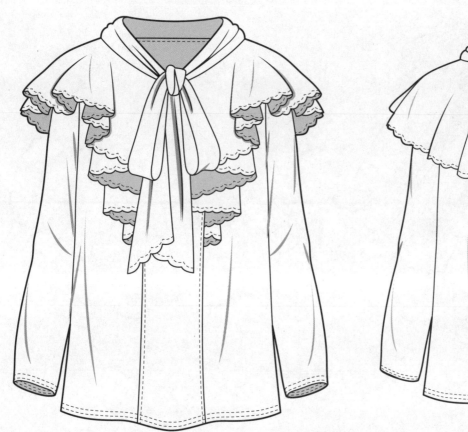

荷叶边蝴蝶结领衬衫

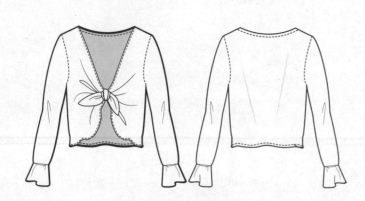

短款喇叭袖衬衫

翻领褶皱短袖衬衫

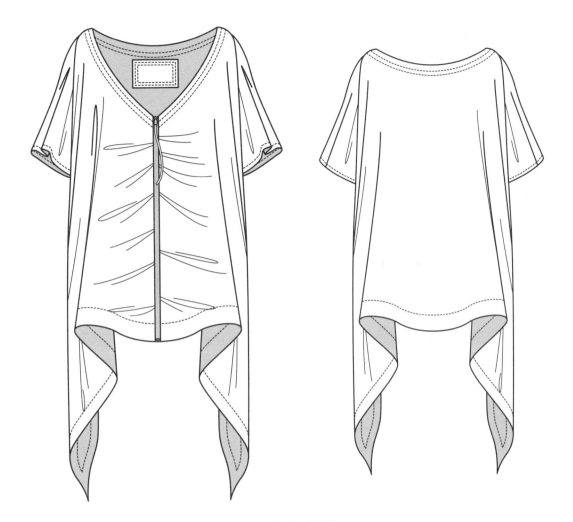

喇叭袖宽松A型衬衫

分割灯笼袖衬衫

分割名族风衬衫

立领中式盘扣宽松衬衫

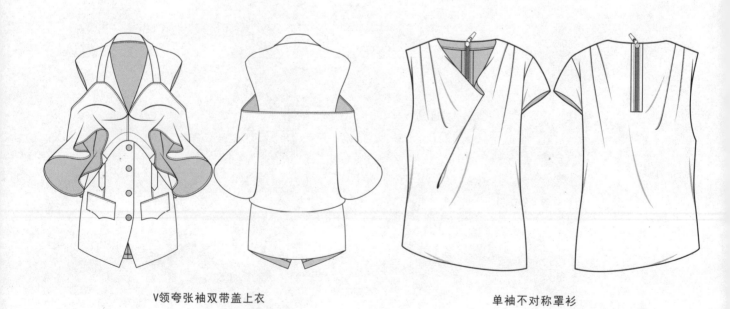

V领夸张袖双带盖上衣

单袖不对称罩衫

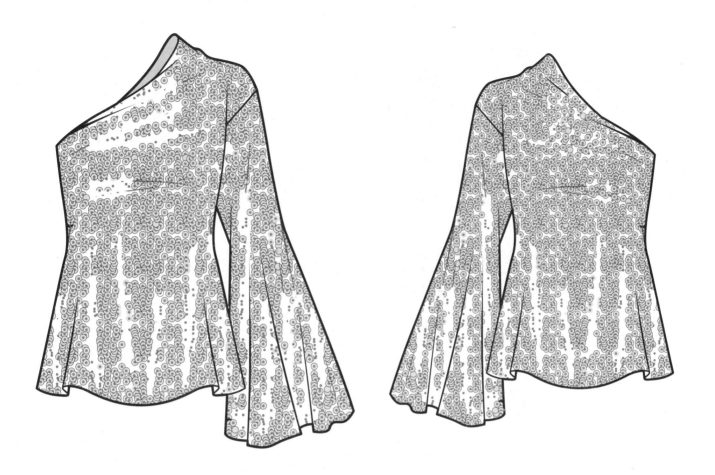

亮片斜肩喇叭袖不对称罩衫

假两件修身衬衫

假两件圆领背心

透明两件套衬衫

肩部波浪褶装饰上衣

夸张袖翻立领衬衫

无领绣花荷叶边装饰短袖衬衫

抽褶系带装饰灯笼袖衬衫

立领后拉链简洁短袖罩衫

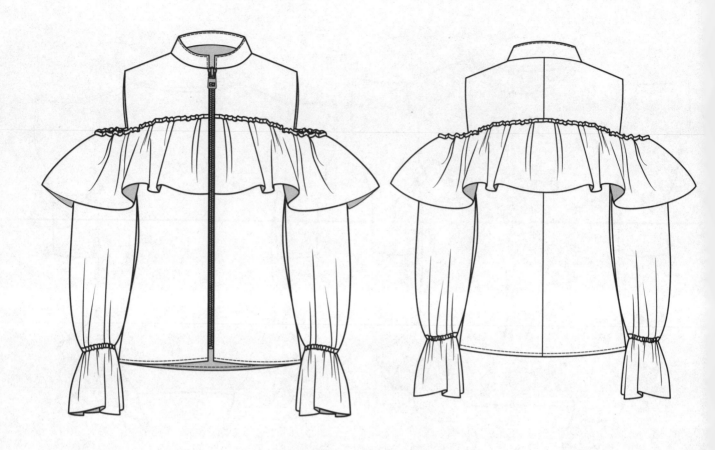

胸部皮筋大波浪褶女衬衫

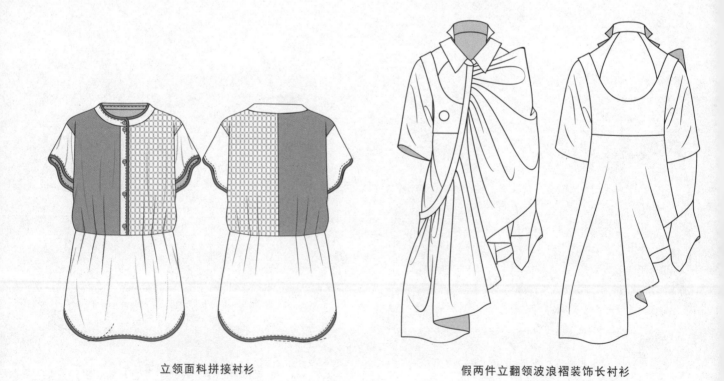

立领面料拼接衬衫

假两件立翻领波浪褶装饰长衬衫

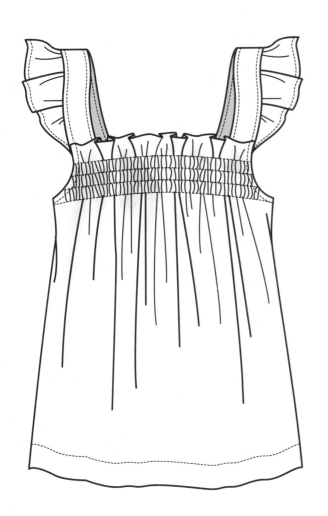
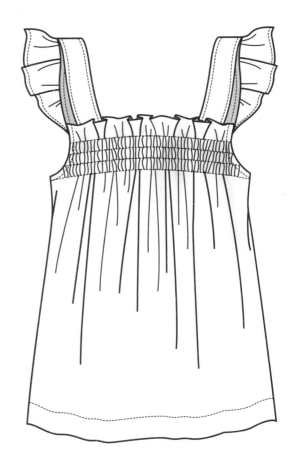

胸前抽褶飞袖背心

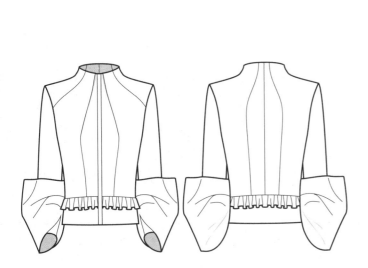

立领夸张袖克夫衬衫

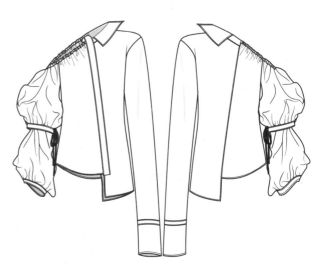

宽松不对称泡泡袖女衬衫

胸前褶皱装饰高领无袖罩衫

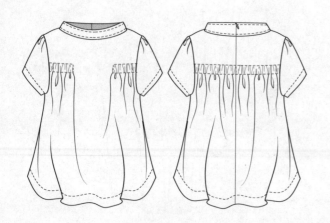

立领压线抽褶中长款上衣

领口抽褶系带短泡泡袖衬衫

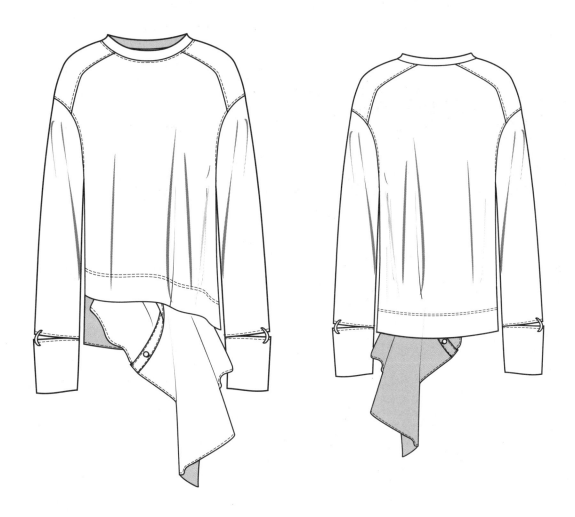

袖口分离假两件不对称上衣

双层领波浪摆衬衫

特色袖圆领腰部绑带衬衫

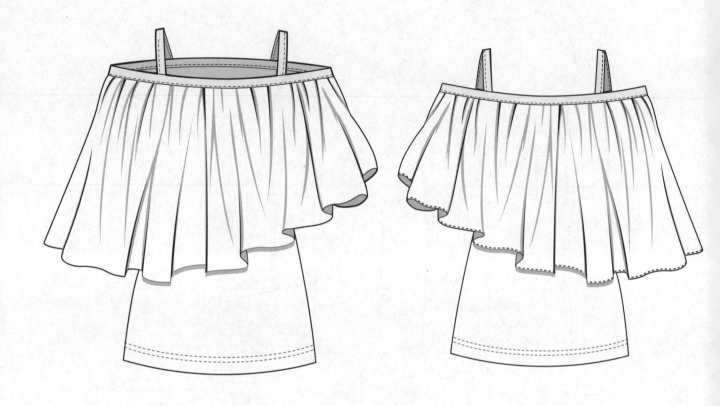

一字领吊带大荷叶边装饰衬衫

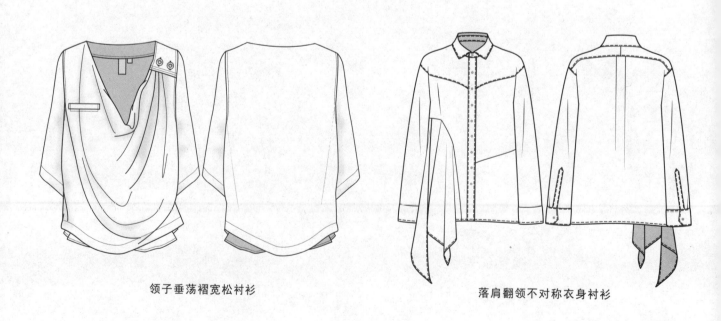

领子垂荡褶宽松衬衫

落肩翻领不对称衣身衬衫

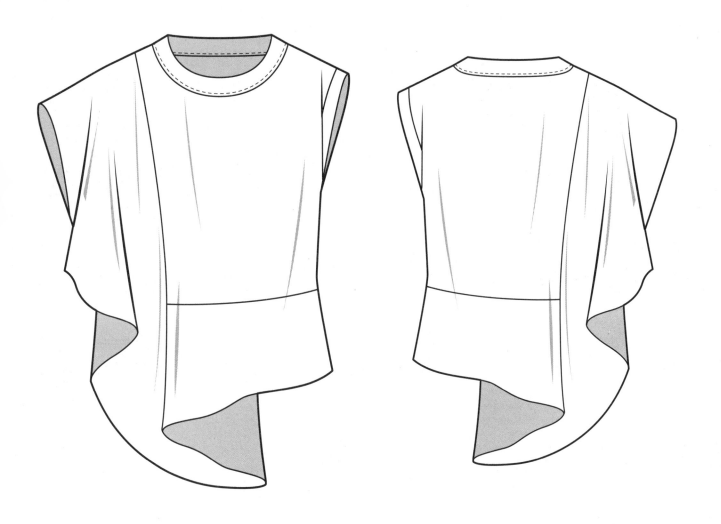

圆领不对称荷叶边装饰短T恤

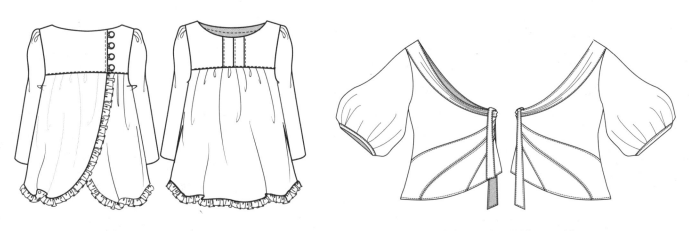

娃娃式宽松上衣

斜肩不对称灯笼袖系带衬衫

圆领假两件镂空罩衫

袖子交叉蝴蝶结上衣

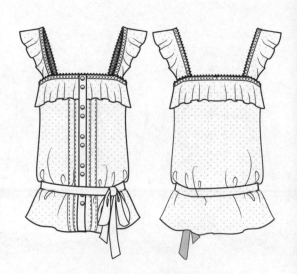

腰部系带花边装饰小背心

褶裥盘扣短袖衬衫

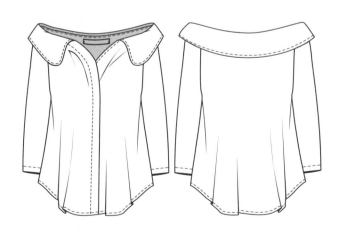

一字领宽松下摆长袖衬衫

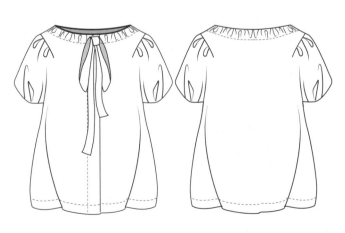

一字领飘带短袖衬衫

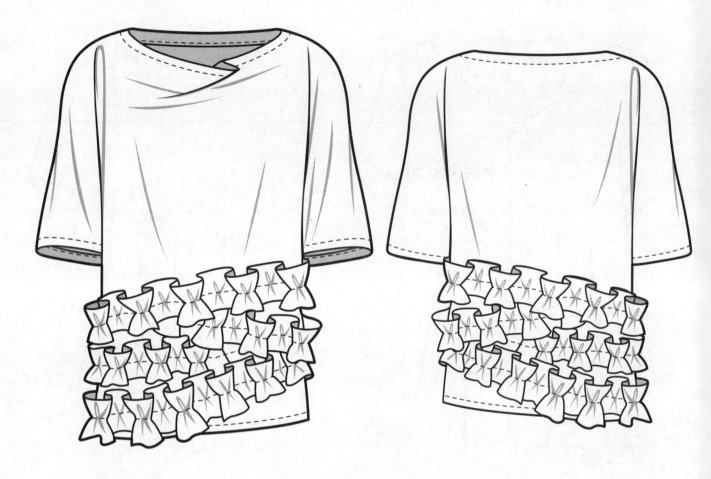

装饰直筒上衣

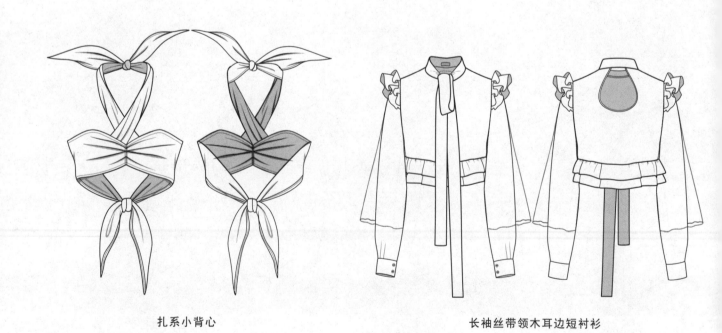

扎系小背心

长袖丝带领木耳边短衬衫

组合型褶皱衬衫

褶裥蝴蝶结衬衫

褶裥立领衬衫

褶皱分割衬衫

褶裥立领蝴蝶结飘带衬衫

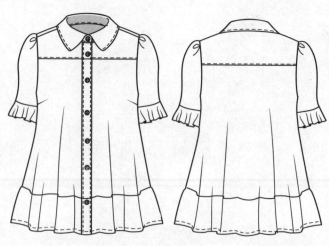

褶皱衬衫

第九章

细节图设计

衬衫细节设计——圆领(1)

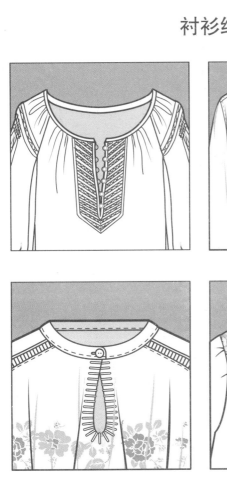

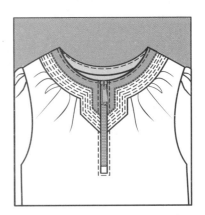

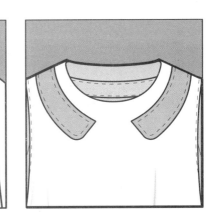
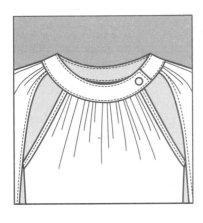
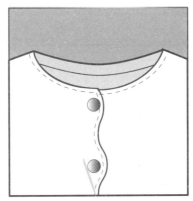
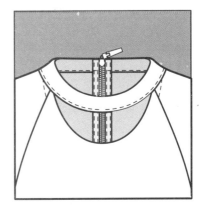
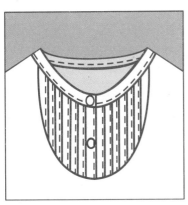

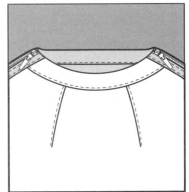

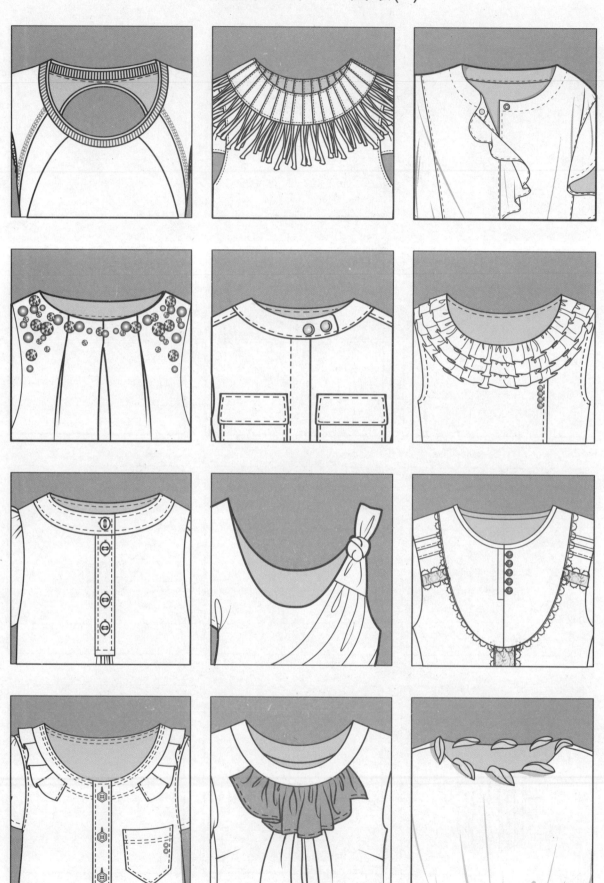

衬衫细节设计——V领

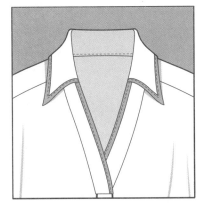
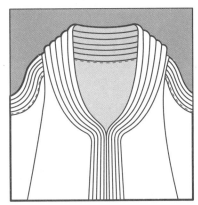
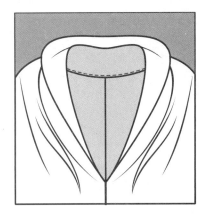
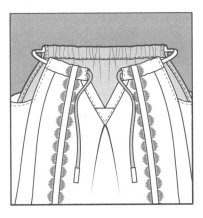
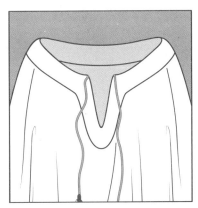
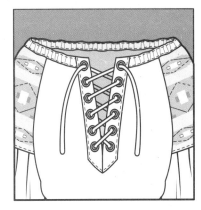

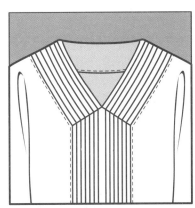
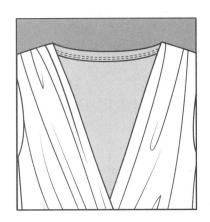

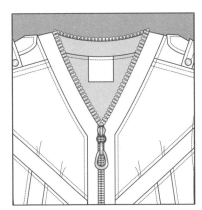
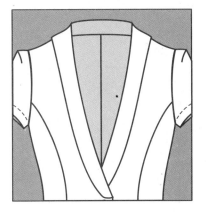

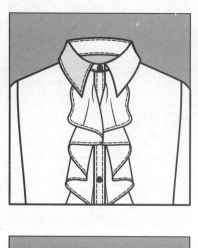
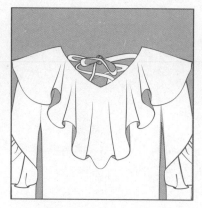
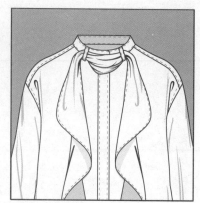
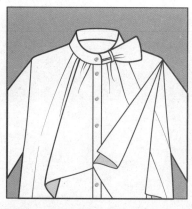
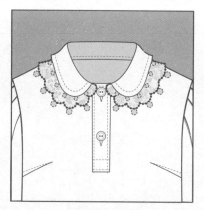
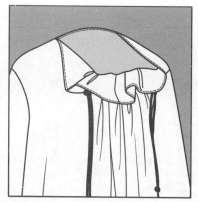
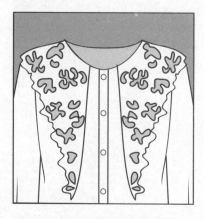
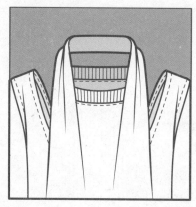
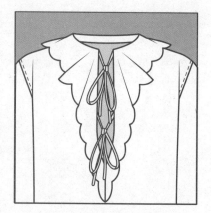
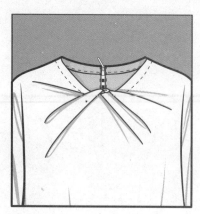
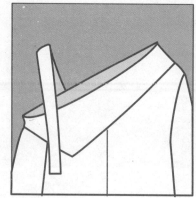
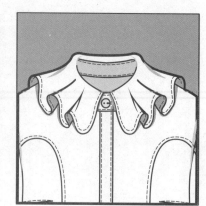

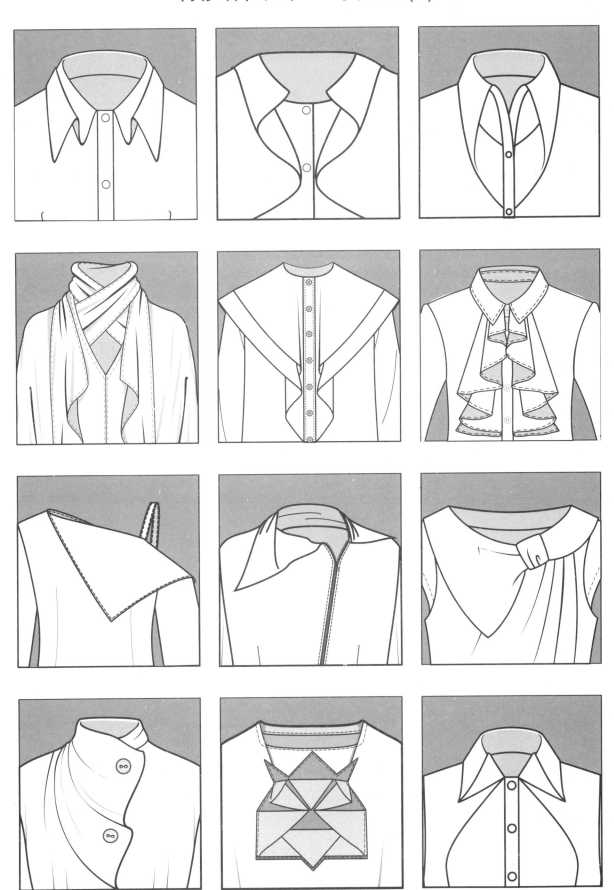

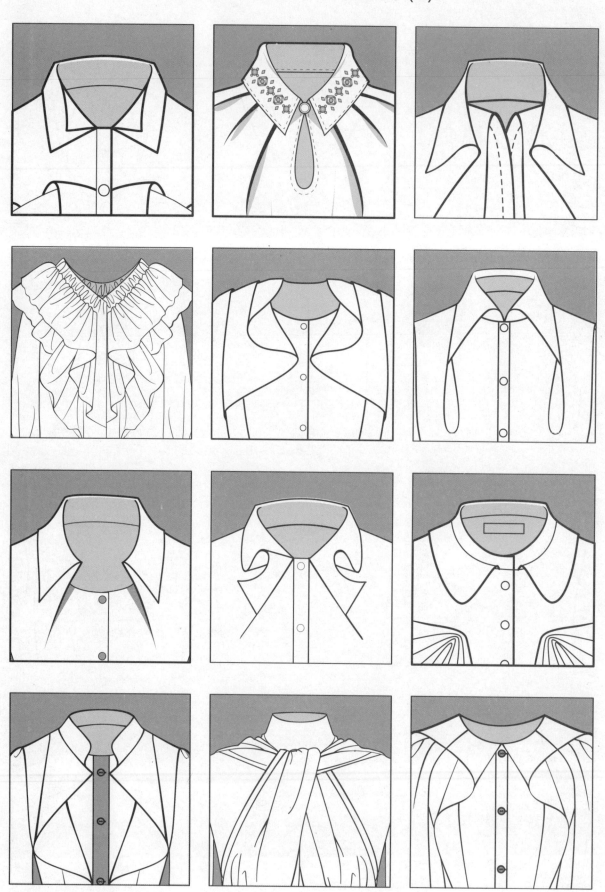

衬衫细节设计——翻领

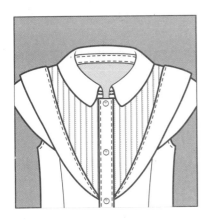
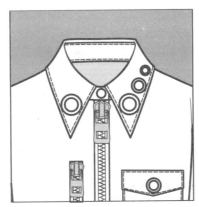
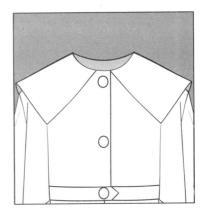
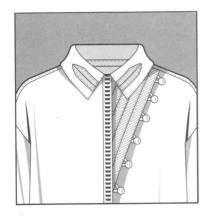
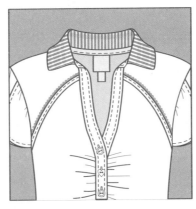
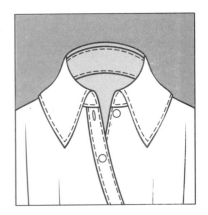
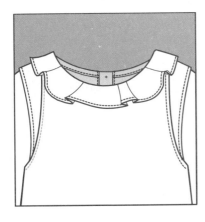
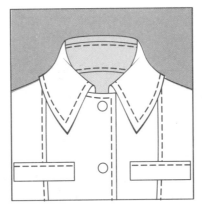
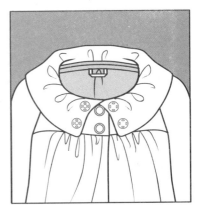

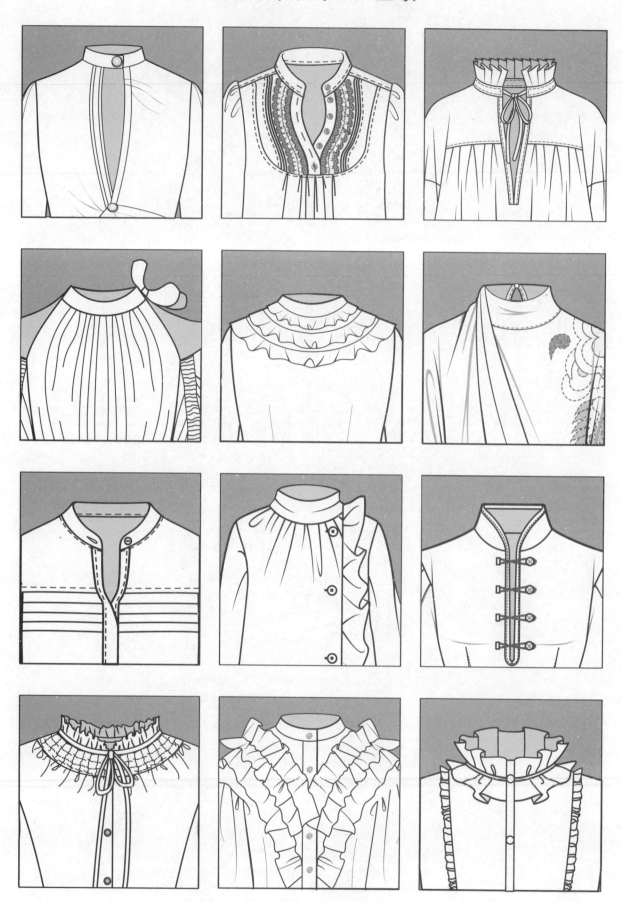

衬衫细节设计——飘带领(1)

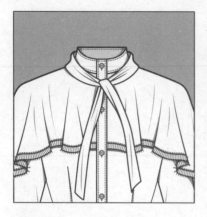

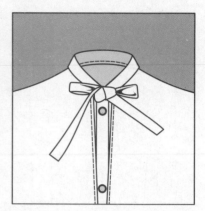

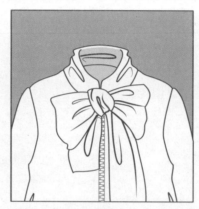

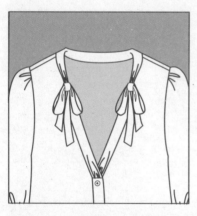
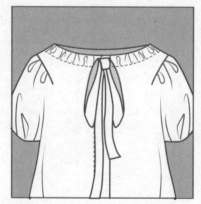

衬衫细节设计——变化袖(2)

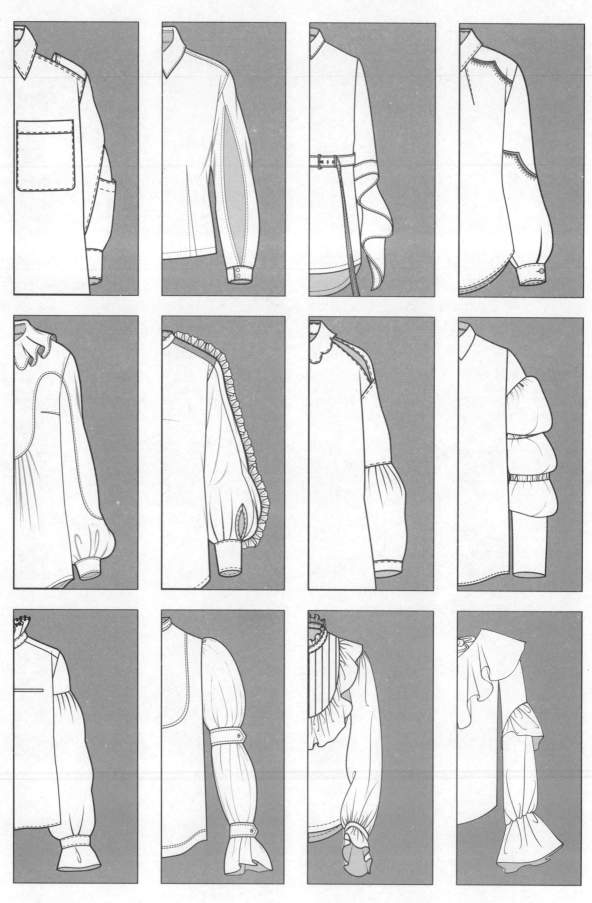

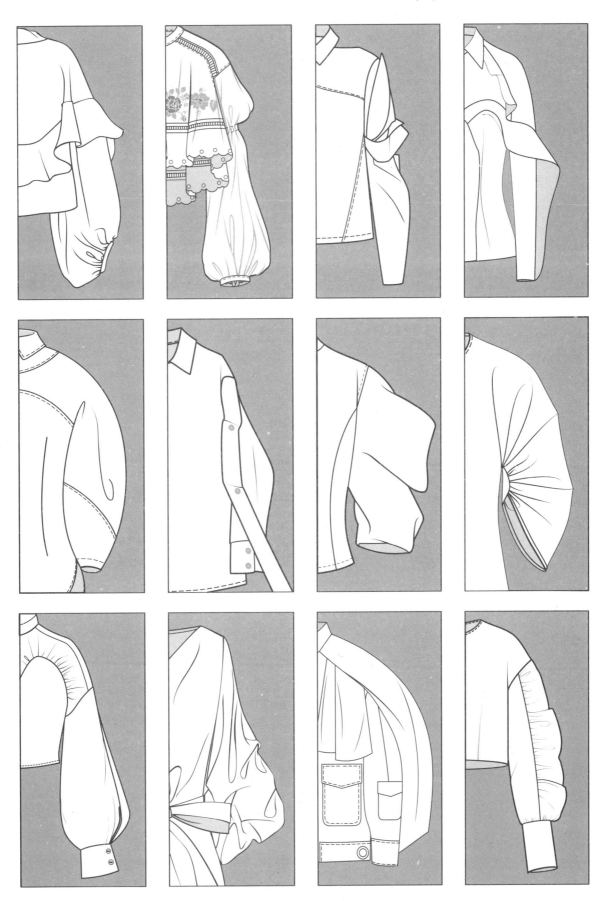

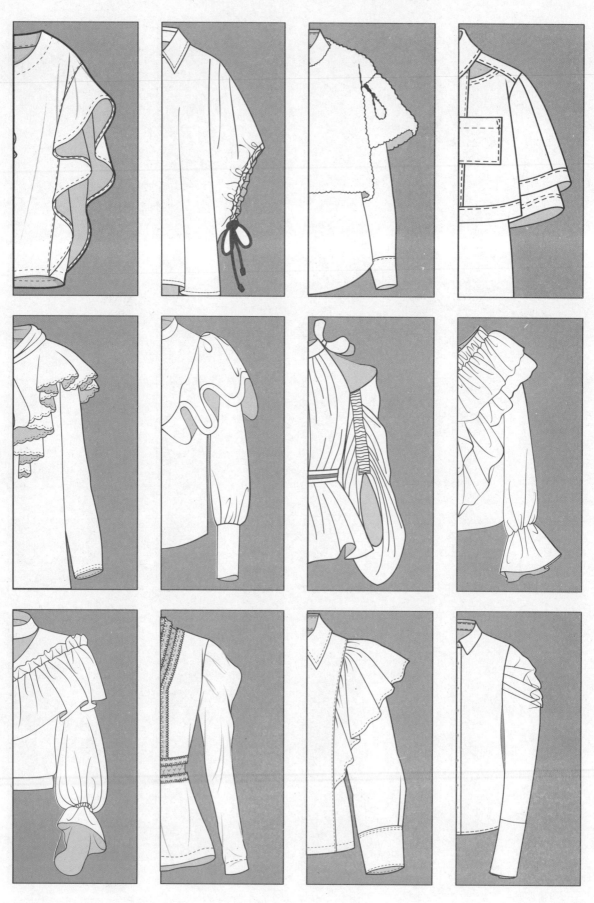

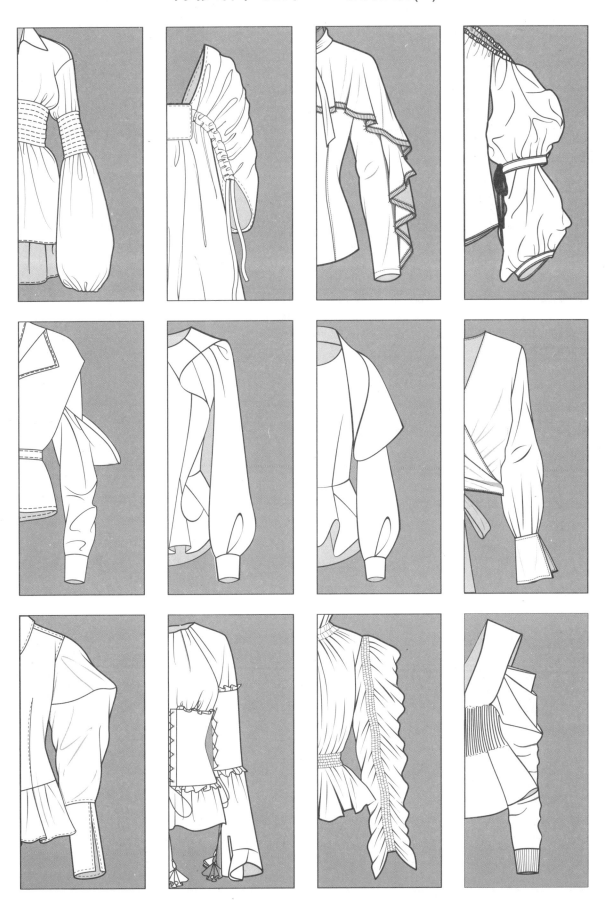

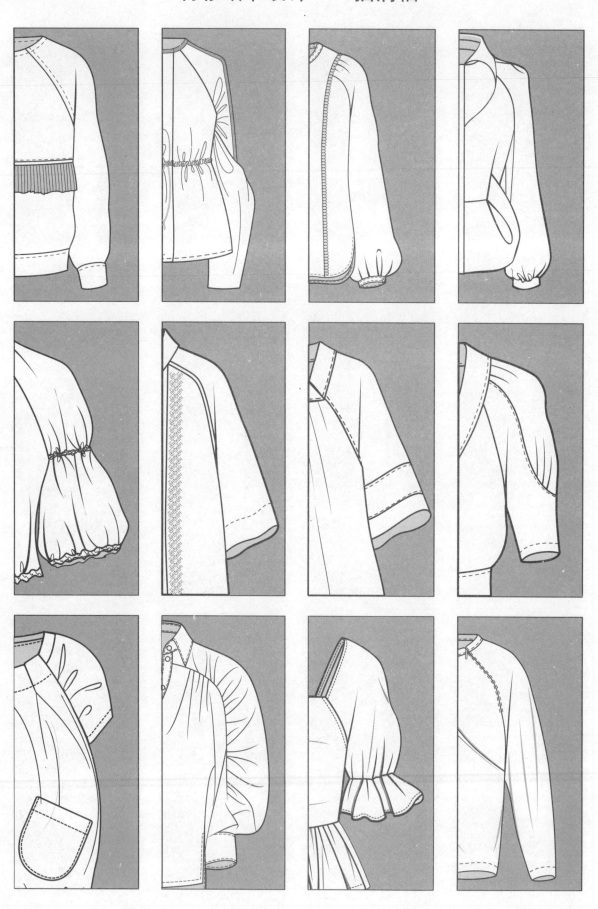

衬衫细节设计——灯笼袖

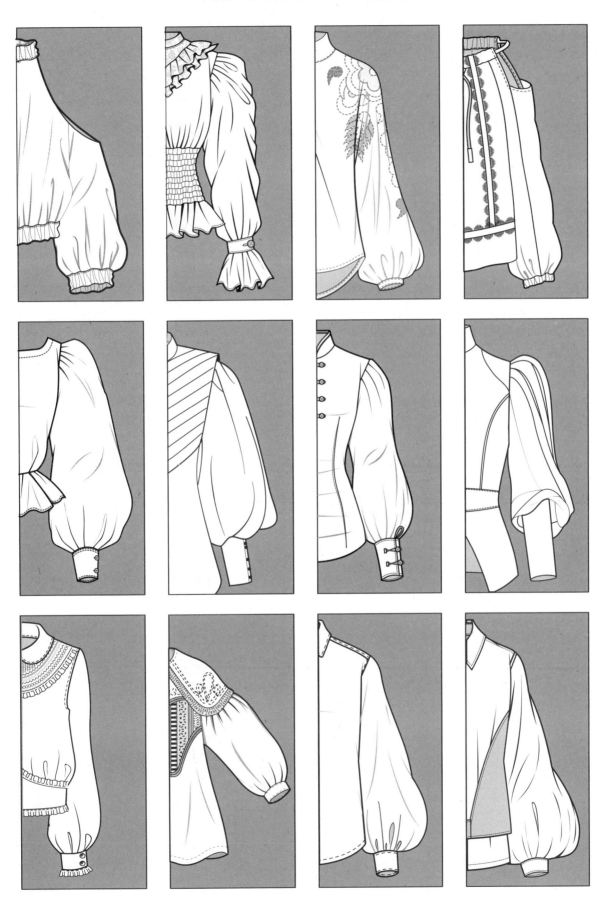

衬衫细节设计——全体袖

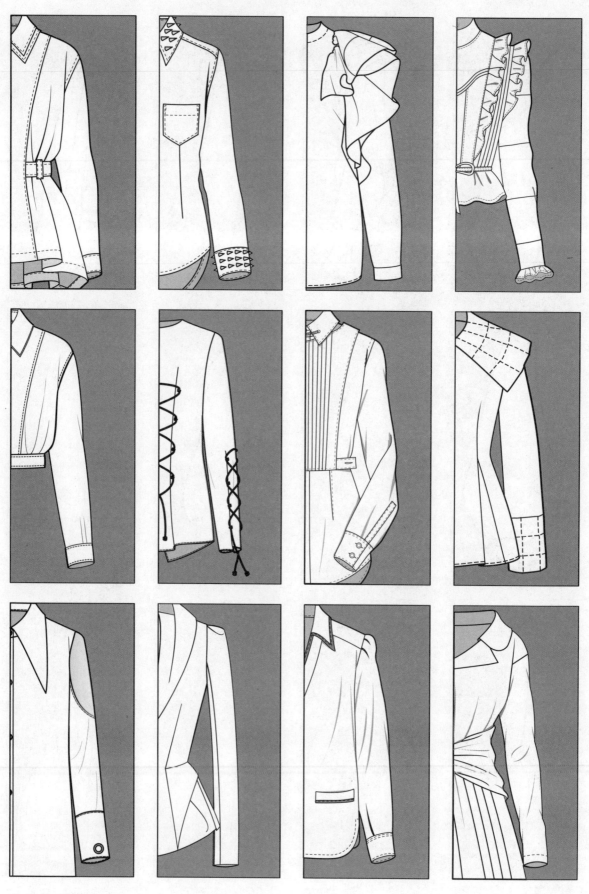

衬衫细节设计——落肩袖(1)

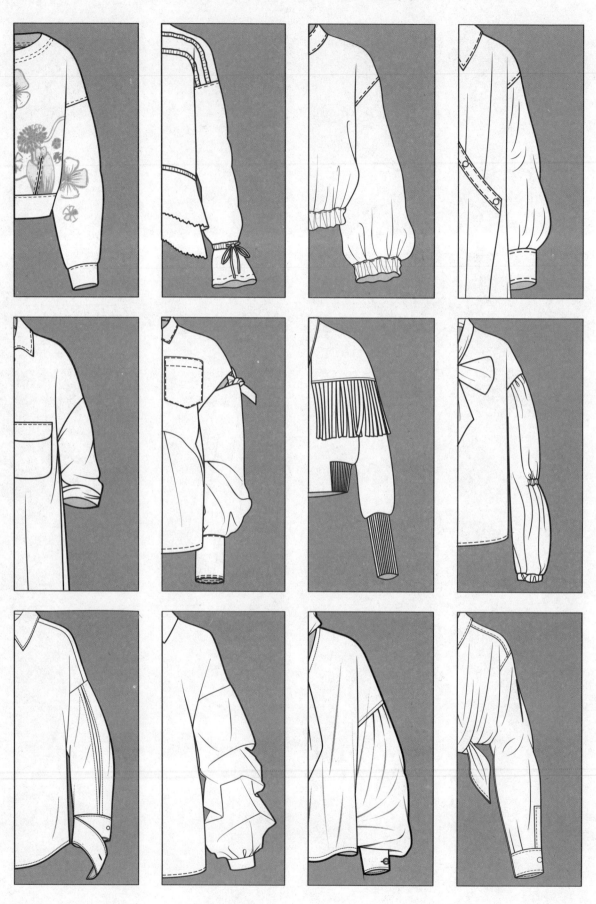

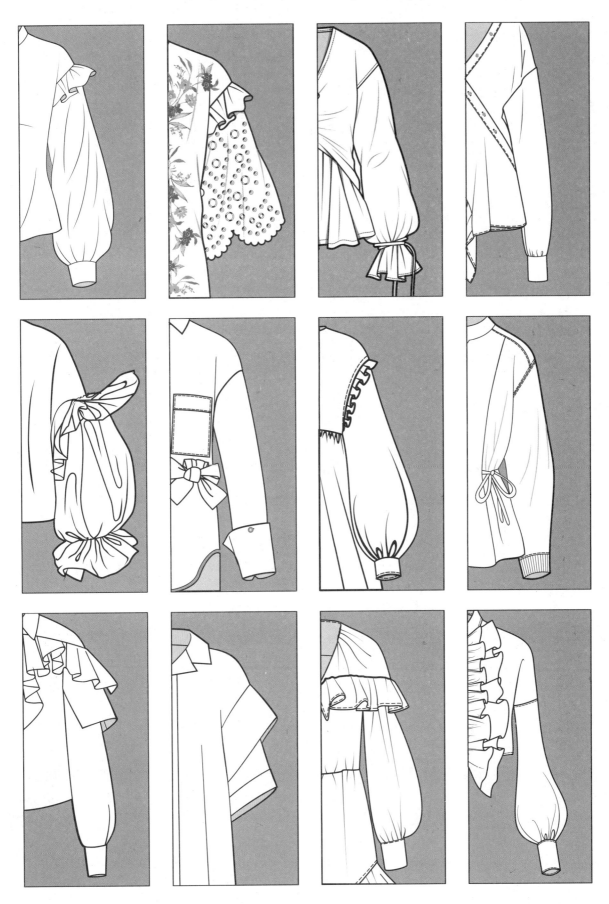

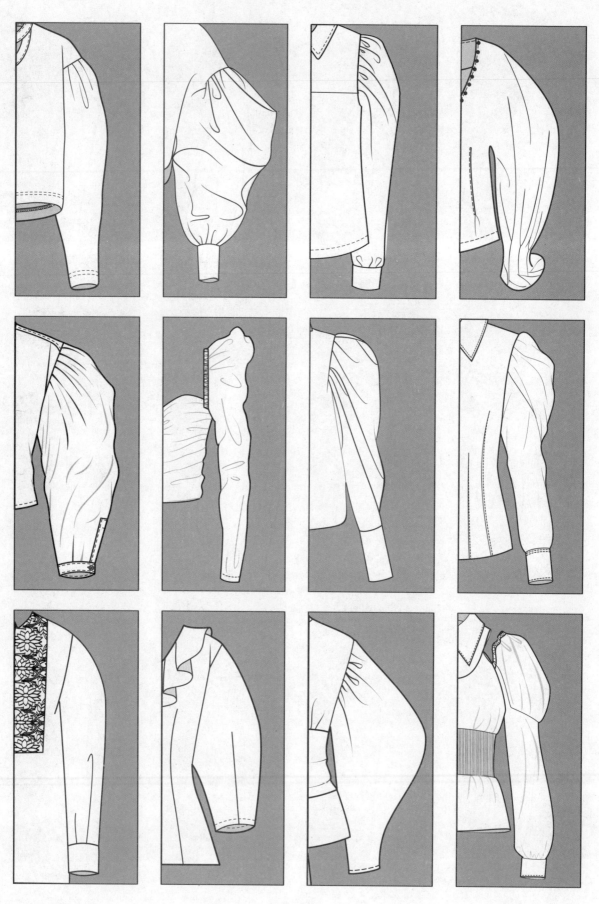

第十章

彩色系列款式图设计

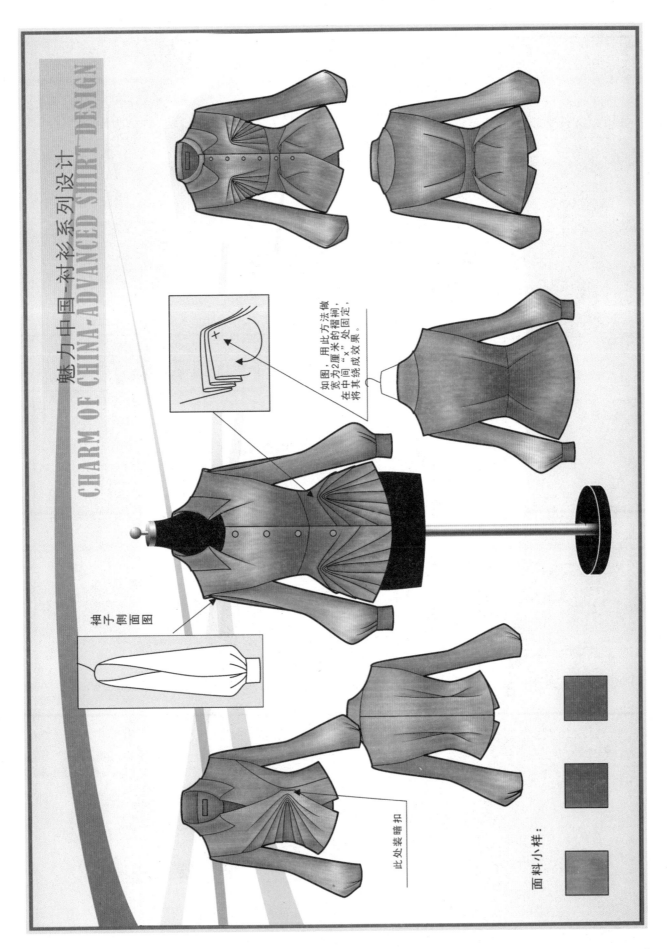

如图，用此方法做
宽为2厘米的褶裥，
在中间"x"处固定，
将其绕成效果。

袖子侧面图

此处装暗扣

面料小样：

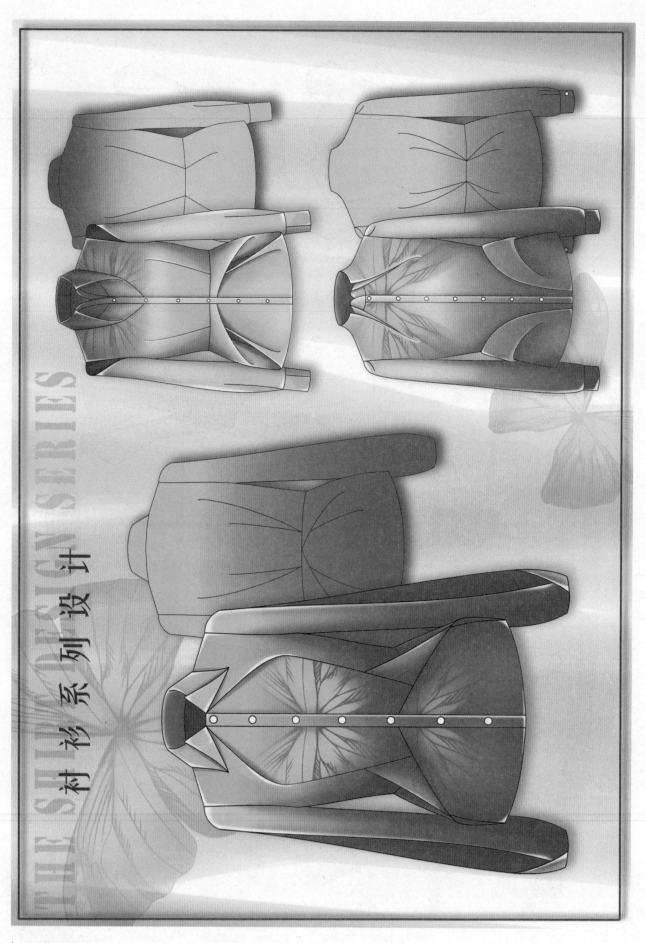

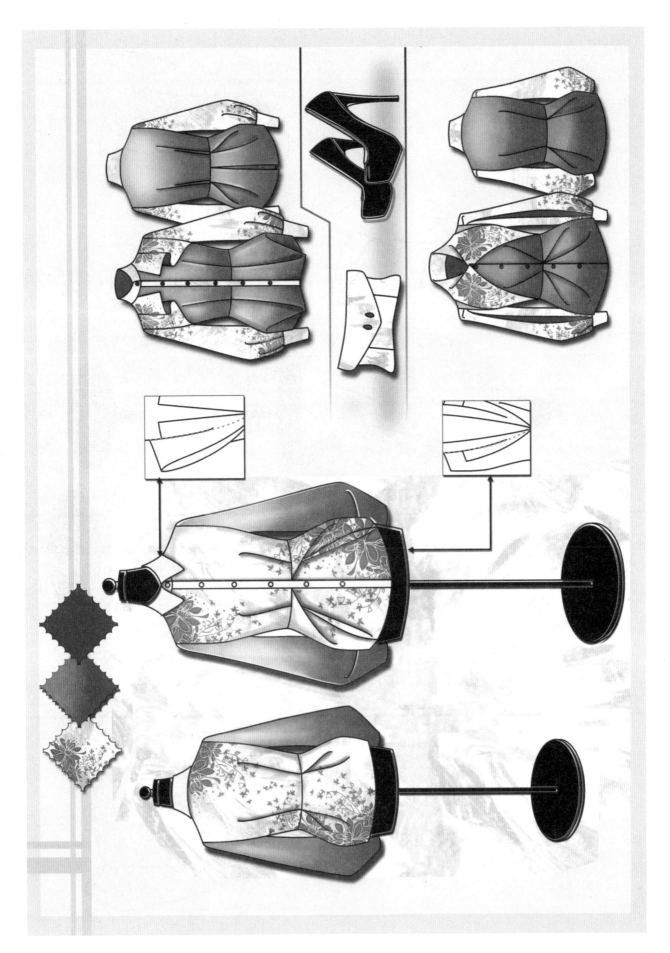

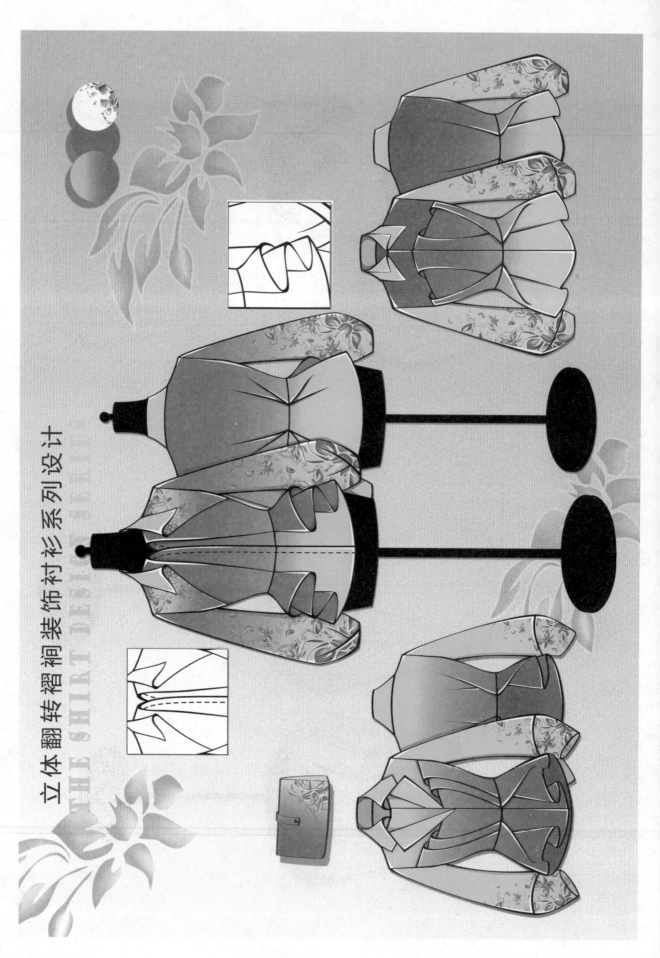

立体翻转褶裥装饰衬衫系列设计

THE SHIRT DESIGN SERIES

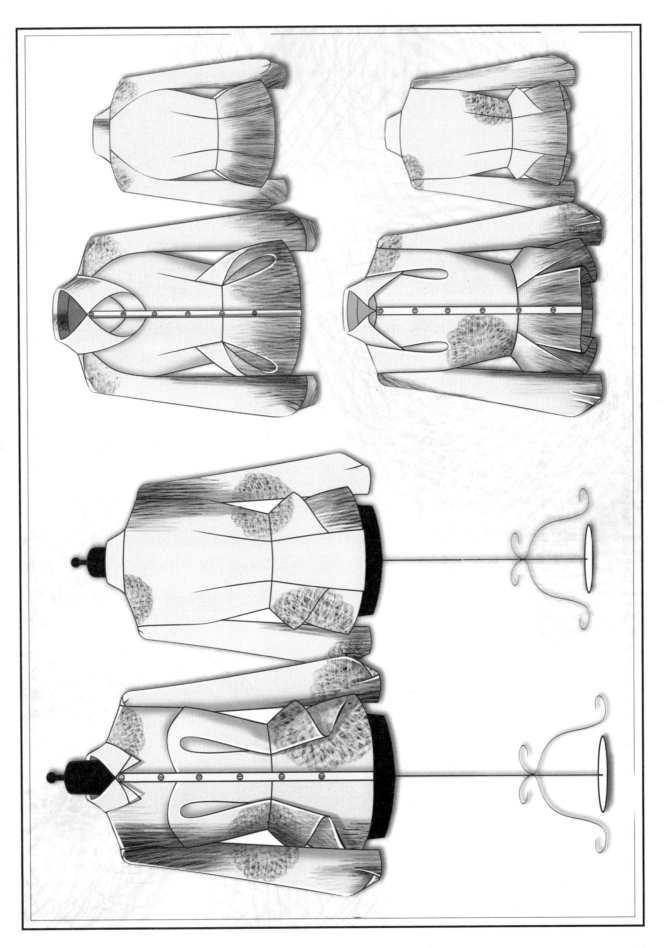

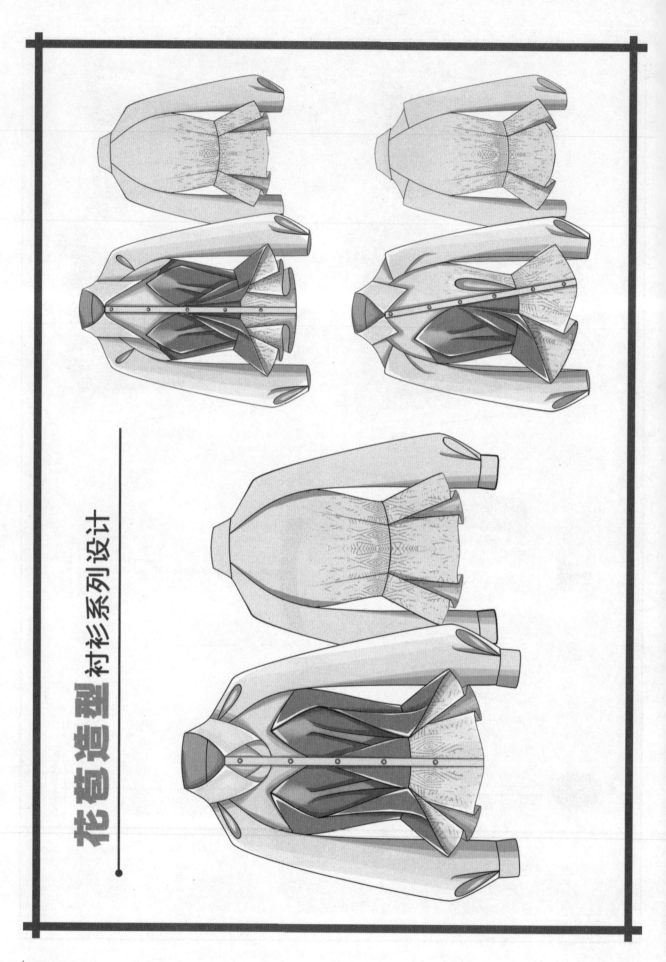

花苞造型衬衫系列设计

波浪褶衬衫系列设计

创意衬衫整体搭配
CHUANGYI CHENSHAN ZHENGTI DAPEI